岡野雅行

人のやらないことをやれ！

世界一の技術を誇る
下町の金型プレス職人、
その経営哲学と生き方指南

岡野工業株式会社
岡野雅行

ぱる出版

まえがき

墨田区の向島という街で生まれた。この荒川と隅田川に囲まれた一角は、町工場が立ち並ぶ界隈だった。街を歩けば平長屋の開け放たれた戸からは、旋盤を動かす職人が、セルロイドでオモチャをつくる夫婦が、ガラス作業をするおじさんの姿が見え、子どもたちは目をこらすようにそれを眺めたものだ。

この街のもうひとつの顔は玉の井で生きる人たちだった。玉の井のお姐さん、お兄さん、落語家の卵、芸術家……生きるという実世界を俺に教えてくれた人たちがそこにはいっぱいいた。隅田川を渡ればすぐに、当時の流行の発信地、浅草があった。「最先端のセンスはこれだぞ」と目と耳と鼻に叩きこんでくれた街だ。

とにかく、そんな人間のにおいに充ち満ちた魅力あふれる街で、チャンバラごっこしたりベーゴマを削って遊んでいるうち、いつのまにか仕事の道に進んでいった。学校にはグッドバイしたけれど、仕事と商売には人一倍、いや人の何倍もの探求心と好奇心で向き合ってきたからこそ、いまがあるんだ。

それにしても感じるのは人の〝縁〟の大切さだ。「痛くない注射針」でも、思いもよらない人がいろんな形でラジオやテレビで話したり、雑誌で紹介してくれたりした。つくづく、縁は不思議なものだね。

だから、金型やプレスにかぎらず、仕事に挑戦したい、思い切ってビジネスの道を切り開きたいと、日々考えたり悩んだりしている人に、自分が体験して得てきた仕事のさまざまなヒント、落語から人生の恩師まで自分が学んだ商売のセンスを、時代じだいの思い出も交えて書いた。

この本というのもひとつの縁だ。この本がなにかのきっかけになってもらえたら、これ以上の喜びはない。

岡野雅行

岡野雅行　人のやらないことをやれ！◆目次

第2章

実地の世界で学んだことが生きる

第3章

遊びのなかで出会った人たちが、生き方を教えてくれた

第4章
「夜の工場」で繰り返した失敗がいまに生きている

第5章
人を大切にするから、貴重な情報が集まる

第6章 新しいものが好き、人より早くやるのが好き

第7章 ひとつのことをやり抜けば、かならず見えてくるものがある

第8章　とんちの利いた会話、人の話をじっくり聞くことを心がける

第9章
金儲けはわるくない、ただし守るべきルールがある

第10章　雑貨づくりに終わりはない

第1章

誰にもマネのできないものをつくる

「注射針ありがとう」といわれた感激は忘れられない

テレビにはこれまでもたくさん出ているけれど、そのなかで一番うれしかったのが、ＴＢＳの「夢の扉」という番組（２００５年9月11日放送）だ。開発してきたインシュリン用注射針が２００５（平成17）年7月にようやく量産できるようになり、医療機器メーカーのテルモから発売されたころの放送だった。

あの番組に出演したとき、いままで1万回以上、インシュリン注射を打ってきたという小学生の糖尿病の子どもさんにビデオで「ぜんぜん痛くなかった。つくってくれた人、ありがとう」っていわれたんだ。これまで生きてきてなによりも感激した一瞬だった。

子どもに発症するインシュリン依存型糖尿病の人は一生、インシュリン注射を打ち続けないといけない。子どもはつらくて痛い。いままでの太い針だと刺すところがなくなってしまうほどだ、そう聞いた。だから、なんとかしてあげたいという一心で量産までこぎつけたんだから、これ以上うれしいことなんてありはしないんだ。

テルモの注射針を、いま毎日20万本つくっている。これからずっと患者がいるかぎり続けていく。「もう、やめたよ」なんていうわけにはいかない。現在のところは、国内向けの生産だけでやっとで、輸出まではまだ回らない状態なんだが、いずれは世界中の患者の役に立つことができるはずだ。

注射針でグッドデザイン賞を受賞

2005(平成17)年7月にテルモが発売したインシュリン用注射針「ナノパス33」は、2005年グッドデザイン賞の大賞を受賞した。居並ぶ対抗馬たち、アップルコンピュータの「iPod」など強豪を抑えての受賞なんだから、なんともうれしいかぎりだ。「微細な加工による量産化を成し遂げた偉業を称えたい。これこそが『デザイン』だと事例紹介したい一品である」という審査委員のコメントをもらった。

もうひとつ、日経BP社から、2005年「日本イノベーター大賞」の「ジャパンクール賞」という賞をもらった。俺と、テルモの注射針開発のリーダーの大谷内哲也のふたりで受賞したものだ。日本の加工技術のパワーを見せつける「常識を覆す商品」を生み出したことで受賞となったという。「常識を覆す」っていう評価がうれしい。まさに、ズバリ、その通りなんだからね。これまで俺がやってきたことは、人ができっこないという、「常識を覆す」製品をつくり出していくことの連続だった。

この注射針に取り組んだいきさつを話そう。2000（平成12）年のある日、テルモの開発担当者、大谷内が「刺しても痛くない」注射針の図面を持って俺のところにやってきた。

「糖尿病で苦しんでいる人たちに、なんとか注射の苦痛を和らげたいと設計したけれども、どこの会社に頼んでもできないと断わられてしまいました」というんだ。

実は、その前に、大谷内からコンタクトを受けている。そのときは「忙しいから、できないよ」と答えたんだ。だけど、痛くない注射針にかける思いを伝えたいと、彼はやってきた。

日本全国で100社近くからさがしたけれど、だめだったらしい。それで俺のところにやってきたそうだ。うちが「金属部品開発の駆け込み寺」といわれているのも伊達じゃないんだ。

とにかく、その図面を見てみた。正直いって、一瞬、「これはできるわけがない」と思ったね。でも、次に、これまで不可能を可能にしてきた経験からすれば、「今回も実現は可能だ」と感じたんだ。

それと俺は、どんな大会社であろうと、担当の人間が信用できる人間でなければ、絶対にその仕事は受けないことにしている。彼に会ったときに、「この男は嘘をつかない

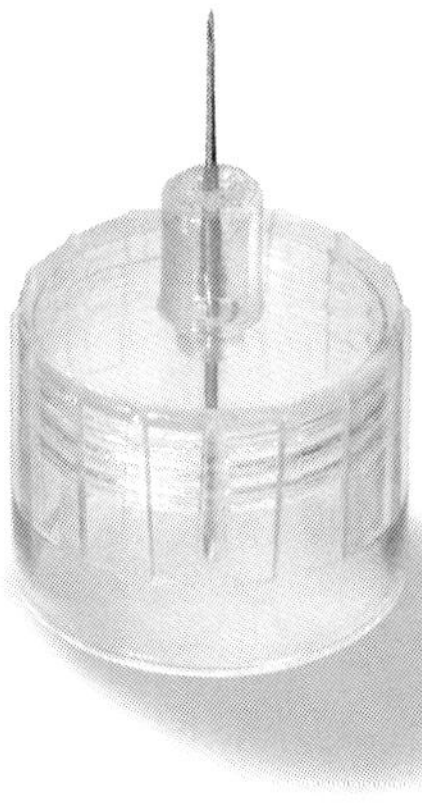

テルモのインシュリン用注射針
「ナノパス33」

針の断面図。
先端と根元の太さの違いが
薬を注入しやすくする

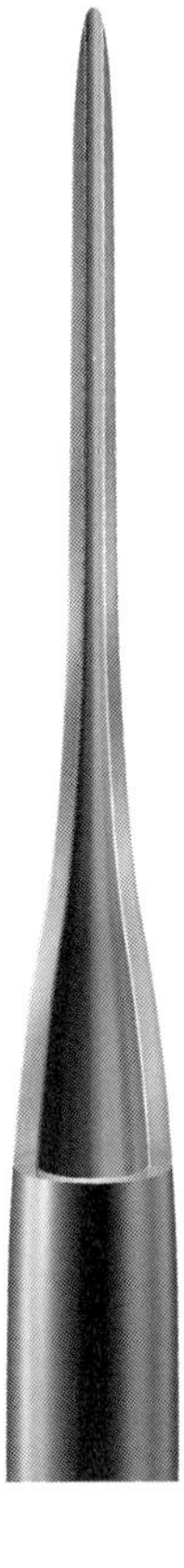

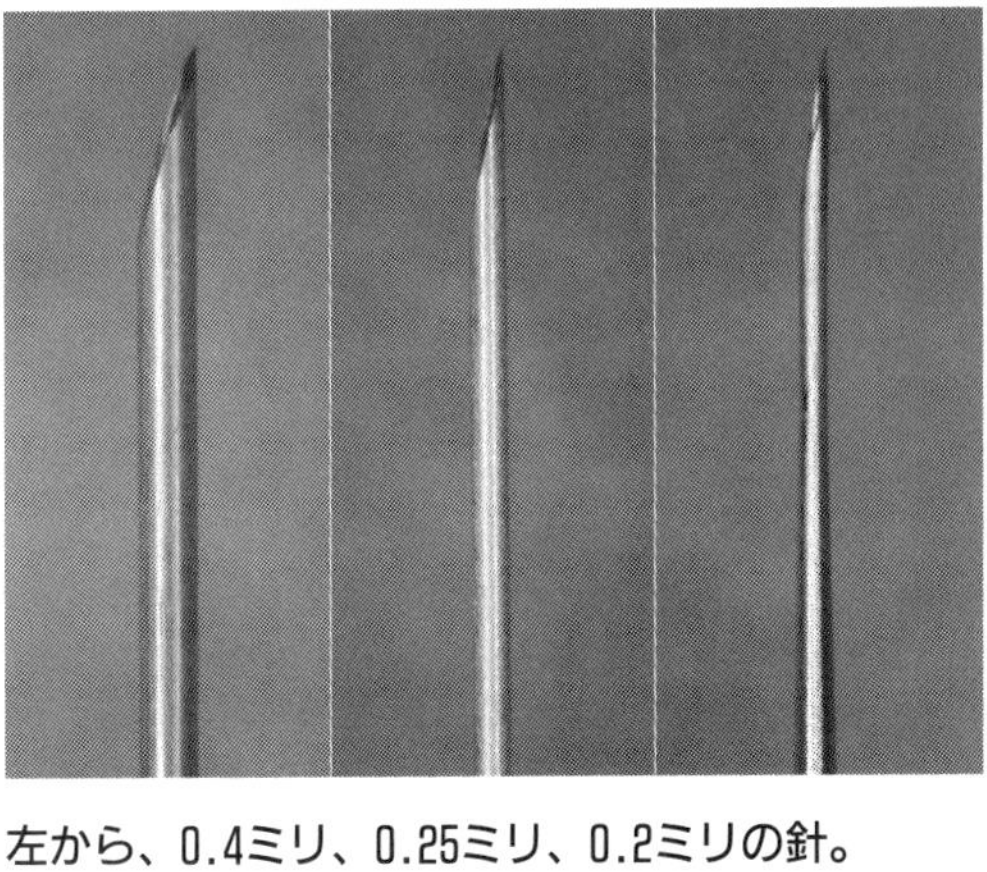

左から、0.4ミリ、0.25ミリ、0.2ミリの針。
ナノパスがいかに細いかわかる

写真提供・テルモ株式会社

男だ」とピンときた。だからこそ、二つ返事で「やってやるよ」と答えたんだ。

俺は成功の可能性が6割ぐらいあれば、たとえむずかしくてもその仕事を受ける。今回も6割の実現可能性はあると思ったわけだ。それでさっそく社員でうちの娘の亭主の縁本幸蔵に相談した。縁本はかつてメーカーのニコンにいた優秀な技術者なんだけれど、言下にいった。「社長、こんなのは間違ったってできるわけがない」とね。

それから、うちには学者や大学教授といった人が次々やってくるから、ある理論物理学の大家といわれる先生に相談してみた。すると、「岡野君、これは無理だ。物理学的に不可能だよ」というんだ。

ここまでいわれれば、「やってやろう！」と燃え立った。「できない」といわれると、逆に火がついてしまう。「常識がどうした」とね。それで縁本にいったんだ。「俺のいったとおりにやってくれ。できなくたって、責任は俺が取るから、文句をいわずやれ」と。

そして、強引に研究開発を始めていった。

プレスで板を丸めてみたらどうだ？

具体的に求められたのは、先にいくほど細くなっていく形（テーパー形状）で、先端の直径がわずか0・2ミリ、針穴の直径は80ミクロン（100分の8ミリ）という注射針。世界一細いインシュリン用の針だ。

これまでのインシュリン用注射針は根元から先端まですべて0・25ミリ。全部が0・2ミリならそれほどむずかしくないんだ。ところが、これでは注射液を上手く押し出せない。痛く感じないほど細くて、しかも注入しやすい注射針。この両方を実現する手はないものだろうか。

そしてはたと思いついた。これまでの経験からすれば、パイプ状のものをつくるには、平らな板をプレスして丸めてしまえばいい。もちろん、いままでのものと太さが全然違う。それでも、この方法でいける！ そう勘が働いた。

結果として3カ月の早さで試作品まではできた。それをテルモに見せたら、びっくりしていた。で「これで進めてくれ」となったのはいい。だが、それからがたいへんだった。試作品と量産とには天と地の差がある。一般車とF1カーとはあらゆるものが違うだろう、それと同じだ。

量産できなければ、採算ベースには乗らない。値段が高ければ患者に使ってもらうことができないわけだ。やり直しは何百回となく行なった。2005年7月に完成品が発表されるまでに、4年半の月日がかかった。

さわりのエピソードだけいうと、加工する板をあらかじめどんな形に切断するかはパソコンレベルでは計算できなかった。大学のスーパーコンピュータの力を借りたんだ。工作機もナノテクの世界の機械が必要になった。

ただし、その基本に流れているのはたった1枚の板を丸めて製品をつくることだ。下町の町工場が、鉛筆のキャップなどの雑貨をつくってきた力がきちんと生きている。

頭の中の図面だから自由に発想できる

うち親父は図面なんて描かなかった。昔の金型屋はみんな図面など描かないわけだ。親父がそうだから、俺も昔から図面は描かなかった。それではどうしたかといえば、工場の土間に白墨（チョーク）で絵を描いていく。

プレス屋はプレスでつくりたい品物の図面を渡してくる。そこでその品物をつくるには、金型はこういう工程にするというのを、白墨で土間に描いた。あるいは雑記帳にメモ書きしていくんだ。

親父に教わっていたころ、土間に描いた白墨はすぐ消えちゃうだろう？　だから、直感的につかんで頭に入れておかないといけなかった。すぐにつかまないといけないから大変なことだった。

ところが、慣れてくると、プレス屋からもらった最終的な品物の図面を見れば、あとはこういう工程でこういう金型をつくればいいと頭に入ってくるんだ。まさに感性で想像していく力が身についてしまったわけだ。こうなれば、しめたものだ。図面が描けないからこそ、自由に頭のなかでいろいろな想像を巡らすことができたんだ。

いまは、頭の中のDVDにこういう工程でいこうというのが、ヴァーチャル（仮想的）に浮かんでくる。だから、いままでは白墨も使わない。人間は訓練でそこまでできる。もちろん、俺だって、いまから訓練すればCAD（コンピュータ援用設計システム）を使って図面だってできるだろう。だけれど、そんなことをしたら、これまで蓄えてきたノウハウが逆に消えてしまいかねない。

俺はテレビなどまだない時代に生まれた。そして、真空管だ、トランジスタだ、そのあと出てきたさまざまな時代のテクノロジーに対応しながら、技術を高めてきたわけだ。自分の頭のなかのDVDというか、CADというのかでつくれているものを、いまさらコンピュータと付き合っても仕方がないと思っている。

もちろん、仕事は新しいことにどんどんチャレンジしていくつもりだ。エネルギーはあくまでそちらに費やしていくほうがいいんだ。

父の背中

父、銀次は1904（明治37）年、茨城県の龍ケ崎というところで生まれた。尋常小学校の6年生までそこにいた。

長男だった親父は卒業すると、13歳で東京・本所《ほんじょ》の金型屋さんに年季奉公に入って、20歳まで8年間勤めあげた。そして兵役検査を受けた。そのあとも1年間はお礼奉公したんだよ。住み込みで小遣いだけをもらって働いたんだね。飯を食わしてもらって仕事を教え込まれた。ひたすら修行したんだよ。

親父はお礼奉公が明けた21歳の年が、あの1923（大正12）年9月1日の関東大震災のあったときで、本所は火の海になった。本所陸軍被服廠《しょう》跡に避難した人たち約3万8千人が亡くなっているんだからね。本所はいちばん被害がすごかったんだ。親父は池に飛び込んで九死に一生を得た。「俺はまいったよ。えらい目にあった！」っていっていた。「火の粉が飛んできてたいへんだった」とよく俺に話していた。

親父はお礼奉公をすませると、吾嬬町《あずままち》（現在の墨田区八広）の金型屋に勤めた。現在の水戸街道を北に向かい、荒川とぶつかる手前のあたりだ。1929（昭和4）年に見合いをして母つると結婚した。そして勤め先に近い、吾嬬町西九丁目（現在の八広六丁目）の長屋で所帯を持った。

親父は真面目でコツコツやってきて、きちんと仕事で成功した人だ。ただ、真面目一筋で、仕事がすべてという人間だった。

その父の背中をずっと見て育った俺は、この父の逆でいこうと心密かに思っていた。

親父が下手だったことを俺はやる

父の仕事の世界を子どものころから見ているだろう。すると、同業者のほかの金型屋さんは、大企業のご機嫌取りをしっかりやっているんだ。いまでいう営業だ。それから、同業者同士の人付き合いをしっかりやっている。

今日はみんなと成田山に講に行く、今日はどこかの温泉に行く、とやっていた。いまでいえば、ゴルフだ宴会だというやつだ。それには親父は誘われもしない。自分も行く気はなかったんだろう。

ほかの人は、うちの親父より腕が悪くたって、そんな人付き合い、世渡りが上手だから、仕事をもらってきてけっこう儲けているんだ。うちの親父は仕事がくるのをただ待っている。「俺は腕がいいんだから、営業なんてしなくていい」というわけだ。確かに仕事は来るけれど、お得意さんとの交流がほとんどない。その姿を見ていて、これとは逆なことをやらないといけないと思った。

俺の親父は腕はいい。その点ではみんなに尊敬されていた。ただ、商売が下手なんだ。言葉の掛け合いが下手、人間付き合いが下手なんだ。

「なんで親父はほかの人と交わらないんだろう」と思いながら、それをずっと見てきた。まあ、その分、おふくろは口八丁手八丁の人で、集金からなにから全部おふくろがやってはいたんだけどね。

息子にとって、親父は反面教師なんだ。「親父が下手だったことを俺はやらないと、だめだ」と思ったね。いくら、技術が優れていても、頭がよくても、それだけじゃだめなんだ。俺の時代には、きちんと発言もして営業もしてやっていかないと、腕がいいだけじゃ認められない、とつくづく思った。

親父が真面目だから、俺が「柔らかくなった」わけだ。だから、親父は俺がいいかげんに見えてしょうがなかった。「あいつ、大丈夫か」といつも心配していた。

だけど、俺はどんどんいろいろな友だちを得て、さまざまな情報を得ていかなくては、と思って生きてきた。だからこそ、商売も上手くいったんだ。

子どものころは遊びがすべてだった

親父が自分で岡野金型製作所を始めたのが1935（昭和10）年、31歳のときだ。俺が生まれたのは1933（昭和8）年の2月14日だから、2歳のころだ。

親父は小学6年生で奉公に出されたから、自分の子どもには学校にいってもらいたかった。おふくろも同じ思いで教育熱心だったんだ。それで少しでも早く教育を受けさせようと、小学校に入る前に俺を幼稚園に通わせた。当時は、幼稚園に行くような子どもは周りにほとんどいなかった時代だ。

だけど、俺は学校というところが好きじゃないんだな。結局、幼稚園で習った「グッドバイ、グッドバイ、グッドバイバイ」のあの歌のまま、3日でグッドバイしてしまったんだ。

そのあと、1939（昭和14）年の4月に東京市向島更正尋常小学校に入学することになった。6歳のときだ。小学校に入っても勉強は上の空だった。学校というものと合わないんだな。それが1943年の後半かな、俺が4年生になったときは、空襲に備えて「警戒警報発令、警戒警報発令」と訓練するようになった。警報が発令すると、勉強はお終いでみんなで家に帰った。勉強しなくていいわけだ。

そうすると荒川の蘆《よし》の生えている土手に遊びに行く。土手に子どもながらの小屋もどきのものをつくるんだ。それで子どもたちは、お互いの小屋を陣地（トーチカ）に見立ててチャンバラごっこで攻撃したり、守ったりして遊ぶ。そうやって朝から晩まで遊びつくして、ようやく家に帰ったもんだ。土手のチャンバラごっこは、当時の子どものほとんど生活そのものだった。だから、小学校といったって、子どもたちでひたすら遊んだ記憶しか俺にはないな。

そうかと思えば、自分たちでいかだをつくっては川に浮かべて遊んだもんだ。ときには、縄が切れてばらばらになって川に落っこちてしまったりね……。そんな風にして、とにかく、勉強以外のあらゆることをして遊んでいた。

真っ赤に染まった大空襲の空を見ていた

4年生のときは、実際には米軍機は来ていない。訓練だったわけだ。ところが、5年生になった翌年の1944（昭和19）年には、実際に米軍機が何度も空襲に来るようになった。

そのころ、集団疎開（学童疎開）が始まった。この辺の子どもは茨城県の下館のお寺に学童疎開に行ったんだ。

親父と家族は故郷の茨城県龍ケ崎の縁を頼って疎開することになった。でも俺だけは「こんな田舎にはいたくない」と帰りたくなってしまった。俺は手のつけられない「やんちゃな悪ガキ」だったんだ。両親も俺が帰ると言い張るから、しかたなく帰るのを許した。そして家に名古屋コーチンの雄雌を買ってきて、毎日生んだ卵を食べてたよ。

疎開しないで残っている友だちも5、6人はいたんだ。それで、その連中が、龍ケ崎から家に送ってくる銀しゃりを食べにきたもんだよ。味噌も醤油も親父は1年分は蓄えていたから、食事もしっかりつくれた。

ご飯を炊くのは土鍋だった。なにしろ、貴金属の鍋、釜は全部、供出してしまってない時代なんだから。だけど、その土鍋で、薪を使って炊くご飯っていうのが、びっくりするぐらいうまいもんなんだ。

翌年1945（昭和20）年、3月9日の真夜中から10日の未明の東京大空襲のときだ。俺はひとりで見ていた。更正小学校（ただし、当時は東京都向島更正国民学校と名前変更）に焼夷弾が落ちて半分燃えた。近所の人たちがポンプでがちゃぽん、がちゃぽんと水をかけていた。だが悪ガキの俺は、「学校が燃えれば、もう学校に行かなくてすむ」

と手伝わないで黙ってみていた。

　こんなことをいうと、不謹慎と思われるかもしれない。空襲のまっただ中、みんなは「防空壕に入れ、入れ」と叫んでいた。周りは真っ赤々な火の海だった。それでも俺はその姿を表に出たままで見ていた。不思議と「恐い」と思わなかった。きっと真っ赤な空を見ていたかったからだ。

　あのとき、俺がもし防空壕に入っていたら間違いなく死んでいただろう。真面目に、いわれたとおり防空壕に入った人たちは、みんな死んでしまった。防空壕は爆弾には強いかもしれないが、焼夷弾の火には弱い。みんな穴のなかで猛烈な火に包まれ、焼け死んでしまったんだ。

　そして照明弾で明るく照らされたなかを、裸の子どもや大人が逃げまどっていた。まるで、ベトナム戦争で逃げまどう人たちの姿と同じだった。B―29が落とした焼夷弾で東向島の工場一帯は焼け野原になってしまったんだ。朝、上野の西郷さんまで見通せるほどだった。そこらじゅうに焼けこげた死体がころがっていた。

　あのときのすさまじい勢いで真っ赤に染まった空を「きれいだなあ、すげえなあ」と思ってみていた俺は、隅田川の花火大会なんて見に行く気にはとてもなれないね。照明弾というのは本が読めるほどの明るさが長く続く。水銀灯が1万個ぐらいついた感じだ。

言葉にできないほどの世界なんだ。命がけで見たあの光景は、決して忘れられない。

浅草に追いはぎが出たころ

戦後間もない、一面の焼け野原で東向島の家から上野の西郷さんまでが見えたころだ。夜は灯りひとつない真っ暗闇だった。ガキ大将の俺が5、6人の友だちと立っていると、夜道を歩くおばあさんに「お小遣いをあげるから、悪いけれど、送ってくれる」と頼まれた。よく追いはぎが出た時代だ。それで浅草を通って先まで送ってあげたことがあるんだ。みんなで30円もらった。

俺は20歳ごろから落語が大好きでよく聞いたものだ。それであのおばあさんのことを思い出すと、追いはぎの出てくる面白い落語のこともいっしょに思い出すんだ。

その落語は日本橋の金持ちの若旦那が吉原に遊びに行く話だ。

江戸時代の末期のころ、蔵前通り（現在の江戸通り）によく追いはぎが出たそうだ。駕籠《かご》屋は「暮れ六をすぎたら危ないから、やめたほうがいい」と勧めるけれども、その格調高い身なりのよい、いかにも金持ちそうな若旦那はどうしても吉原に行きたいといってきかないんだ。

それでしかたなく、その旦那を乗せて浅草見附から蔵前通りに出て、天王寺橋を渡ったあたりで、案の定、追いはぎが現れた。

追いはぎが駕籠を開けると、その旦那はふんどし一丁で座っている。それで追いはぎは「なんだ、もうやられたのか」とね。これがオチだ。最高だろう。

最初からふんどし一丁の裸になっていれば大丈夫、というこの若旦那の「とんち」がふるっているじゃないか。

おばあさんの追いはぎ話とはぜんぜん無関係な話なんだけれど、この若旦那の落語の機転っていうのか機知は、あらゆる商売のセンスの基本に通じると思っている。若い人も商売の発想、センスを磨きたければ、落語をいっぱい聞け！　って俺はいいたいね。

追いはぎの側だって知恵を使っている。吉原に行く途中の金持ちなら、お金を取られたぐらいで、「取られた、取られた」とは騒がないだろう。吉原通いの途中とあっては、女房の手前もあるわけだ。追いはぎと若旦那との知恵比べだろう？　わかるかい、この奥の深さが。

ちなみにその落語っていうのは、「蔵前駕籠」という名前だから、若い人もぜひとも一度聴いてみてくれ。

暗記するほど聴いた落語はアイデアの宝庫

うちの女房も、俺が落語好きだったのを、「そんなに面白いの?」なんて疑っていたけれど、落語の「付き馬（付け馬）」を聴かせたら、「こんなに面白いの」って腹を抱えて笑っていた。吉原で女郎買いして豪遊した遊び人が、いざ料金となったら、「ないです」というわけだ。そこで代金を吉原の若い衆に立て替えてもらって、「俺のおじさんが払ってくれるから」というわけだ。

それで、ぐるぐる回った果てに知らない棺桶屋に入って、付け馬で金を回収しようとついて来た若い衆をだまして、まんまと逃げおおせるっていう話だ。これが、また、機転というか、とんちのかたまりなんだ。

もっとも、いまの若い人は「付け馬」なんて言葉も知らないか。吉原で無銭飲食なんかしたやつを、店の若い衆がそいつの家までいっしょについていって勘定を取り立てたわけだ。そのついてくる若い衆を「付け馬」とか「馬」といったんだ。遊郭の用語だね。「湯屋番」なんていうのもあるね。とにかく俺は、そんな落語の文句なんて暗記しているほど、いっぱい聴いたんだ。落語のセンスってものはすごいんだから、本当にね。

落語は仕事と共通するアイデアの宝庫なんだ。もちろん、落語好きの若者だっているだろうけど、落語を聴かない若い人は、小さな声しかでないだろう。ユーモアや洒落（しゃれ）のセンスもない。勘というものが働かないんだ。

もうひとついえば、いまの若者はテレビばっかりだろう。ラジオ好きな若者なんてほとんどいないはずだ。これがだめなんだ。テレビで見たものはすぐ忘れてしまう。そこへいくと、ラジオで聴いたことはぜったい忘れない。

なぜだかわかるかい？　ラジオのほうが聴く人が自分の想像力を働かせてるからだ。だからこそ、記憶に残るんだ。テレビは映像が強烈で直接的だろう、だけど、想像力が働かないからすぐに消えてしまうんだ。ラジオのほうが絵がないぶん、自分の力で想像するだろう、だから残るんだ。耳で聴く落語も同じ力があるんだ。

クラシック音楽が想像力をかき立てる

落語のほかに好きなものがある。それはクラシック音楽なんだ。演歌に見えるだろう？　いや、俺が好きなのは演歌とクラシック。中間はまったくだめなんだ。

なんでクラシックが好きになったかというと、１９４９（昭和24）年にＮＨＫラジオでクラシック音楽の番組「音楽の泉」というのが始まって以来のファンだったからだ。年は16歳ぐらいということになる。

親父の工場を手伝い始めて、日曜日はやることがないから、朝の8時ぐらいまで寝坊しているだろう。そうすると、NHKラジオで朝の8時5分から堀内敬三の司会で「音楽の泉」が始まるんだ。今週は「ビゼーの歌劇『カルメン』全曲をやります」なんて始まるんだ。

俺は12インチ(30センチ)78回転のSPレコードで「カルメン」を買ってよく聴いたものだ。第2番の「闘牛士の歌」なんて素晴らしいんだ。うちの親父も自分で工場をやっていたわけで、ほかの家にないころから電蓄(電気蓄音機)を買っていたんだ。

もっとも聴くのは「伊豆の佐太郎」(作詞・西条八十/唄・高田浩吉/1953年の新東宝映画『晴れ姿　伊豆の佐太郎』の主題歌)のようなド演歌ばかりだったけれど、レコードを買ってよく聴いていた。俺もそれを聴いたりしていたんだ。

1951(昭和26)年には日本初のLPレコードも発売になって、レコードブームが起きていった。俺は当時、ムソルグスキーの「はげ山の一夜」とか「展覧会の絵」、サン＝サーンスの「死の舞踏」なんかの魅力にとりつかれていった。

サン＝サーンスの「死の舞踏」なんか、いまでも聴く。すごい音楽の世界なんだ。死神が弾くバイオリンの音に合わせて、骸骨たちが走り回るっていう音楽だからね。

それから、交響組曲「シェヘラザード」の第一楽章「海とシンドバッドの船」とか、いまでも全部、頭に残っているんだ。寝床でいつも聴いていた「音楽の泉」から流れてきた曲なんだから。なにしろ、1951(昭和26)年まではラジオといってもNHKしかなかったんだからね。

第2章

実地の世界で学んだことが生きる

玉の井で学んだ人情の機微

東京大空襲からいくらもたたない1945（昭和20）年3月末、向島更正国民学校を卒業した。そして、戦争のまっただなか、4月に東京都向島西武国民学校に入学した。12歳のときだ。その学校も結局、1年ほどで「グッドバイ」してしまったけどね。

だって、入学したらすぐに、戦争に負けたからと、ずっと焼け跡の片付けを専門にやらされたんだ。勉強なんかしないんだから。教科書だって燃えてしまってない。先生がミカン箱の上に立って「日本は今日からデモクラシーの時代だ」というんだけど、デモクラシーなんて言葉知らないだろう。「なんの食べ物だ？」と思ったね。

やっぱり、学校より実地の世界のほうが面白い、と学校にはおさらばしてしまった。

俺には学校で真面目に勉強するよりも、実地の世界で学ぶほうがずっと魅力的だったんだ。真面目一筋の親父とは、正反対の道をどうしても行くことになる。でも、これってどんな人でもそうなんじゃないか。遊び人の父親の息子なら、自分は真面目に生きようと思う。そんなものだろう。

もっともおふくろには子どものころから、「なにをしてもいいけど、人殺しとかっぱらいだけはやめとくれ」といわれ続けてきたからね。そのことだけは頭から消えることはなかった。

実地の世界といえば、このへんは玉の井という遊郭のあった場所。あの永井荷風が小説『濹東綺譚』で描いた有名な私娼街の玉の井。かつての東武鉄道玉の井駅が、現在の東向島駅だ。それから、俺が3歳のころまでは京成線の支線が向島と白鬚の間を通っていて、京成玉の井駅というのがあったんだ。

その玉の井の遊郭のお姐さんたちとお客と、やくざのお兄さんたちから、本物の世渡りの仕方や人の心の機微ってものの重要さを学んだわけだ。お姐さんたちの「付き人」みたいなものだ。「頭痛薬を買ってきてくれ」といえば買ってくる。それで「つりはいらないよ」ってなるんだな。

玉の井のお姐さんたちは日曜日に江ノ島に行ったりする。そんなときは俺に「3人ぐらい友だちを用意しておきなよ」と頼まれる。東京から湘南電車で行くんだけれど、俺たちが早く乗ってお姐さんたちの席をとっておくわけだ。それでいっしょに江ノ島まで連れて行ってくれて、おでんとかカレーライスをご馳走してくれた。

そんな玉の井のお姐さんたちに教えられ、いまも決して忘れない言葉がある。「何か人にしてもらったら、4回はお礼をいいなさい」という言葉だ。たとえば、食事をごちそうになったら、食べ終わったあとに「ごちそうさま」、次の日に「昨日はごちそうさま」、次の週になったら、「先週はごちそうさま」、そして次の月になったら「先月はごちそうさま」と4回お礼をいいなさい、とね。

銭湯に入ると、背中に入れ墨をしたお兄さんたちがいっぱいいた。みんな3時ごろから風呂に入っている。赤だの青だのの龍の入れ墨を彫ったお兄さんがいる。こちらも子どもだから、その時間に銭湯に行くだろう。すると、「おいガキ、背中流せ」となるんだ。だけど、湯殿に上がると必ず、番台で「これでサイダーでも飲め」って小遣いをくれるんだ。ちゃんと義理を果たしてくれるんだよ、あの人たちは。こちらは、それが楽しみで背中を流したものだ。そこから人情の機微、世の中の約束事を学んだものだ。

それから子どもたちで、千葉県の海岸などに海水浴に行ったりした。そんなときは、「お兄さん、いっしょに行こうよ」ってわざわざ誘うわけだ。そのお兄さんが海岸で背中を出していたら、誰もいじめになんかきやしない。まったく、悪ガキの世渡りのうまさだろう?

酒もたばこもやらない理由

酒は体質的に飲めないわけじゃないんだ。親父は酒も飲んでいたし、たばこも吸っていた。俺も飲もうと思えば飲めるんだ。ただ、玉の井の世界に出入りしていたとき、俺は酒もたばこもやらない、と決めてしまった。なんでも、ずるずるとはまっていくのがいやなんだ。

みんながおいしそうに気持ちよくなって飲んでいるのは見て知っている。だから19歳か20歳のときだったけれど、「俺も飲みたいな」と大晦日だったか、正月明けだったかに一度だけ、工場で飲んだことがあった。

忘れもしない。赤玉ポートワインを1本買ってきて、口当たりがいいものだから、一人でぜんぶ飲みほしてしまった。そうしたら、三賀日の間、頭ががんがんに痛くて、寝っぱなしになってしまった経験があるんだ。それからは「あんな苦しい経験は二度としたくない」と思って、飲まなくなった。いまも酒は自分ひとりだけで飲みたいとは絶対思わない。お付き合いの席で飲むということがあるぐらいだ。

たばこだって、吸えないわけではないんだ。いまから10数年前かな。インドネシアのバリ島のたばこのガラムというのをよく買ってきたものだ。あれは葉巻みたいに甘くて強烈な匂いがあるだろう。それで、こんなことがあった。料理店でよく、人がせっかくおいしく食べている横で平気でプカプカたばこを吸うやつがいるだろう?

俺は頭に来てしまった。そこであのガラムの強烈なのをプカプカ吸ってやった。するとそいつもいやな顔をする。こちらはふかしてモクモクと煙ばかりをどんどん出してやった。そのうち、ついにそいつは出てったよ。「ざまあ〜みろ!」というところだ。「目には目を、歯には歯を」じゃないが、それぐらいしないと、世の中にはわからないやつが多い。

でもそれを口に出したらケンカになってしまうだろう? そんなことより、プカプカしてやったほうがわかりが早いってものだ。

まあ、これもとんちのようなものだ。駆け引きだし、遊び感覚でもあるわけだ。なんでも、これぐらい楽しんでやりたいものだ。

ケンカはしても弱い者いじめはしない

当時のお兄さんらは、弱い者いじめは決してしなかった。むしろ、なにかあると、子どもらを守ってくれたものだ。だから、俺たちも弱い者は助けるのが当たり前、ってことを自然に身につけていった。

小学校からせいぜい17、18歳ぐらいまでだけれど、よくケンカもした。隣の町会の子どもたちとするわけだ。こちらのグループと向こうのグループがそれぞれに15人ぐらいで土手でケンカを始める。武器なんか使わない。もちろん、素手だけだ。もしも、武器なんか使ったりしたら、あとで「あいつはだめだ。ケンカする人間の恥だ」といわれて、誰にも相手にされなくなってしまうからね。

それでひとりで2、3人を相手にケンカするわけだ。気分は清水の次郎長の映画「血煙荒神山」ってところだ。まるで映画のシーンのように思い出す。それを語り合える人間は、そのころの同級生じゃあ、もうひとりぐらいしかいなくなってしまった。「あれはいい時代だった」としみじみ思うね。

もちろん、玉の井には人をだます人間もいっぱいいた。人間の駆け引きのあらゆるものがあるところだから。だけどそういう世界を見てきたから、俺はホンモノの詐欺に引っかかったことはない。だまそうとする人間の裏が読めるわけだ。

昔は子どもの世界のすぐ隣に仕事があった

近所には落語家のおじさんや画家の卵なんかが住んでいた。だいたい町内の家というのは、十軒長屋か五軒長屋なんだ。前の路地の出口はひとつか二つしかない。一番角には大家のうるさい隠居のオヤジがいて、玄関の前の椅子に座っている。まるで落語みたいな世界だ。

その隠居が子どもが悪さしそうになると、「じろり」とにらむって寸法だ。なにしろ、自分の親より恐いんだから。俺なんて悪ガキだったからいつもにらまれているだろ。だから見られないように遠回りしては逃げるんだ。そんなオヤジが各町会、町会にはみんないたものだ。

結局、そんなにらんだり、それを逃げたりするのも、一種の遊びのようなものだったんだろう。なにしろ、みんな貧乏で物なんかない時代だ。そんな町内を子どもたちはかけずり回ったり、チャンバラしたりして、1円もかけない遊びで笑いころげていたんだ。思い出せば出すほど、いい時代だったと思うね。

長屋の窓からなかは丸見えだし、道を歩けば、工場だって戸は開けっ放しだ。金型屋もゴム屋も、ガラス屋も、みんなその作業がのぞけた。人の手触りを感じながら、子ども心にも、「ああ、こういう仕事なんだ」とか「こんなことやってみたいな」とか思うことができたんだ。

あのころは、物が足らなくて満ち足りないのに楽しくてしかたがなかった。

いまはどうだい？　ない物はないかと思えるほどに、なんでも街にあふれてかえっている。でも、ありすぎることで不幸になっているように思えてしかたがないね。

俺の12歳、13歳の子どものころの周りの環境なんて、お金がなくて自転車も買えないんだ。俺は17歳、18歳まで革靴なんて買えやしなかった。若いんだから、かっこいい革靴を履きたくて履きたくてしかたがない。それでやっと買ったときは、靴を磨いては周りのやつに「どうだ、すごいだろう」と見せびらかすわけだ。

いまの子どもたちはゲームばっかりで、外で遊ばないだろう。先輩とも遊ばない。子どもだけの濃密な世界がないじゃないか。あとは「学校、学校」「勉強、勉強」ばっかりの世界なんだろう？　おまけに、学校や勉強の社会と、大人の仕事の社会というのが完全に切れていて、昔みたいな素通しで見える世界がない。

いまの子どもたちが本当にかわいそうだ。昔はあった大切な文化の部分が失われている気がするね。

学問へのコンプレックスと仕事

俺は学校は嫌いだったんだけどね。うちの女房と結婚してしばらくたって、20代の後半になったころに「ああ、俺も学校に行きたかったな。あのとき、もっと勉強して、習っておけばよかったな」と思うことがいっぱいあった。

俺も学問が好きだったら、いまとは違った道を行っていただろう。東大にでも入ってまったく違った世界に行ってしまっていたかもしれないな（笑）。俺は学歴がないんだから「これしかない」と思って一生懸命やってきただけだ。だから、本当はコンプレックスの塊なんだ。

ただ、「俺は、これ以外にどこにも行きようがない」というハンデがあるからこそ、「どんなことからでも学んでやる。勉強するんだ」という気持ちでがんばってきた。そう考えれば、ハンデというのはかえって力の源なんだな。

誰だって謙虚に「みんなより俺は劣っているんだ」という気持ちで努力していけば、絶対まちがいない。

俺は、人生の恩師とかいろいろな人にアドバイスしてもらい、助けられ、気づかされてきた。だからこそ、「いまは人にお返しする番だ」と思っているんだ。ハンデをもって生きてこなかった人は、きっと誰に対してもそういう思いを持たないだろうな。

酉の市のときは吉原が人でごったがえした

酉の市といえば、浅草の鷲神社（おおとりじんじゃ）だ。この東に戦前は吉原（新吉原）という遊郭があったんだ。それが鷲神社の酉の市のときは、吉原の界隈を女性でも子どもでもおおっぴらに歩くことができた。これは江戸時代の酉の市の「吉原通り抜け」のなごりらしい。

とにかく、鷲神社から流れてきたような男も女も子どもも見物客になって吉原はごったがえしたものだ。体験した人しかわからないけれど、まるで電車のラッシュアワーのような押すな押すなの混雑ぶりなんだ。

町のおかみさんや娘たちだって、見たことがないから興味があるんだ。きれいなお姐さんたちが並んでいるところを歩いていく。下町の一大イベントなんだ。

覚えているのは、温暖化したいまとは違って寒いったらなかったことだ。酉の市というのは11月だろう。その11月でも、当時、街にあった防火用水や地面の水たまりにはもう氷が張っていたんだからね。

ベーゴマ遊びで旋盤に触れることになった

小学生から17、18歳ころまではベーゴマでよく遊んものだ。ベーゴマは鉄でできている。まずはバケツにシートを張って、その上に、ベーゴマをほかの連中と同時に放って回す。勝負は、ほかのベーゴマをはじき飛ばして最後まで回ったものが勝ちだ。そして、勝ったら、負けたやつのベーゴマをもらえる。

俺はとにかく強かった。だって、親父が工場にいなくなるのを見計らって、旋盤でベーゴマの底を削っていちばん強い形に改良するんだから。当時、工場にあったのはベルトがけのエース旋盤というものだ。モーターで駆動していた。この旋盤でベーゴマの回転がブレないように削る。センターを出す、ということをやった。ベーゴマ遊びをしながら、旋盤加工を体で覚えたみたいなものだ。

素人がやったら危ないけれども、子どものときから工場を見ているから、見よう見まねでやっていた。だんだん、年下の子どもたちが「お兄さん、これを削って」と頼みにくるようにもなった。それで親父の目を盗んではベーゴマを削ったものだ。ベーゴマの底をバランスよく、速く回転するように改良するわけだ。

昔はね、子どもたちは自分で遊ぶ道具はなんでも自分でつくったんだ。ベーゴマでもけん玉でも竹馬でもメンコでも自分でつくった。けん玉なら、棒に玉が入るように穴を開ける。それが楽しみでもあるんだ。そして自分でつくる技術を身につけていった。

第3章

遊びのなかで出会った人たちが、生き方を教えてくれた

理由はわからないけれど、人と違うことばかりだ

俺は自転車は右側からしか乗れない。別に考えてしたわけじゃなくて、覚えたときから自然と右から乗っていた。普通の人はほとんど、左から乗って左から降りるだろう？俺は左利きでもないのに、どうしてかわからないが人と乗り方が逆になっているんだ。無頓着にしているんだけれど、なんでも人と違ってしまう。でも、みんなと違うというのが、案外いい方向を向いている。

人と違う発想をするとか、自然と人と違うものを求めるだろう。それは、仕事や商売には大いに役立つわけだ。だって、人と同じことを考えて、人と同じことをしたってお金にはならないんだから。

もっとも、俺がどうして人と反対になってしまうのか、さっぱり理由はわからないんだけどね。昔から風呂場でシャツを裏返しに着ているのを指摘されても、この次に着るときはまともになるからこれでいいんだ！　なんていってたもんだ。

うちの血統は近眼がいない。誰もめがねをかけていない。それで俺はめがねをかけると人に格好よく見られると思って、わざわざ目を悪くしておふくろに怒られたものだ。

夜、暗いところで本を読んでみたり、他人の近眼のめがねをかけたりして、わざと悪くしてしまった。まあそんなわけで13、14歳からめがねをかけていたな。

ともかく、俺はいつでも人と違っていたい、そういう人間なんだ。

遊びたい人間はとことん遊ぶほうがいい

玉の井のことで思い出したけれど、あのころ、ちょっとしたいい家の息子の大学生なんて、ずいぶん玉の井から学校に通っていたのがいたね。大学を出て出世するまではお姐さんが面倒みてくれる。当時の芸能人、落語家、歌手だって、出世するまでそうやってお姐さんに食わしてもらっているのがいっぱいいたんだ。

いまの大学出の人たちは頭にいろいろと蓄積していくだろう? 俺は違う世界から、人間関係からお金までをのぞいてきた。それは実地で見てきたことの蓄積なんだ。

「小学校のころから花街に出入りしていた」なんて聞くと、いまの人たちはずいぶんへンな子どもだと思うだろう。だけど、あの時代は家に帰ったってテレビがあるわけじゃない。夕飯が終わって、ずっと親父の顔を見てたってどうなられるだけだろう? 勉強好きな子どもなら違うだろうが、こっちはすることがないんだから。

このあたりの家は、みんな平長屋だ。当然、窓なんて開けっ放しだ。外から中がぜんぶ見える。十五夜のときは、もう無礼講みたいなものだった。長屋の窓辺に供えてある団子をとってきては、食べてしまう。

だけど昔は、そのへんはオープンだったな。まるで悪ガキたちの天下だ。だけど、それでもしていい範囲、してはいけない範囲があった。とことん、そんなワルサをしながら、みんな生き方を覚えていったんだ。

子どもたちがそんな具合で町内をかけずり回っているだろう。逆に泥棒なんて、いやしないんだ。

映画のあの『男はつらいよ』で、フーテンの寅さんが団子屋に帰ってくるとき、こそっと人にわからないように入ってくるシーンがあるだろう。あの気持ちがすごくよくわかる。俺も夜遅く帰ってくると、チャンスを見計らってすーっと入る。それが一苦労なんだ。

それでも、遊びたい人間はとことん遊ぶほうがいい。逆に勉強したい人間はどんな環境だって一生懸命に勉強するものだ。俺の友だちに勉強好きで頭がよくって優秀な人間がいる。家が貧乏だったから、そいつは駅の灯りを頼りに勉強したんだ。勉強だって、本気な人間はそこまでやるものだ。

仕事が面白くなってきたころ

世の中の人は「仕事はいやだな」と思っていると思う。その気持ちはわかる。誰だって楽な仕事がやりたい。たいへんな仕事はやりたくない。

でも、それでは、面白くないだろう。俺は面白いから仕事をしているんだ。山登りでいえば、誰も登れないようなむずかしい山を一生懸命に登ることを追求するようなものだ。それをやりとげようとする。これがなんといっても一番面白い。損得勘定ではないからだ。

普通の人はお金を追いかけるだろう？　だからお金が逃げていってしまう。俺は仕事を追いかける。お金はあとからついてくるんだ。

もっとも、俺だって最初からそうだったわけじゃない。13歳ぐらいで学校をグッドバイしてしまって毎晩遊び歩いているんだから、おふくろは心配でしょうがない。「学校に行かないで、おまけに腕に職がなかったら、どうやって生きていくんだ」といわれて、しかたなくだんだん親父を手伝うようになった。といってもはじめのうちは、製品を届けに行くようなことだった。おまけに帰りには道草して遊びに行ってしまったりした。

そのうち、親父に金型の加工を教わるようになった。といっても手取り足取りなんてやつじゃない。言葉より先にゲンコツが飛んでくるんだ。説明をゆっくり待っているようなものじゃない。飛んでくる手をよけながら、「そうか、こうやるのか」と実地で学ぶほかないんだ。

工場で働いていても、18、19歳ころはまだまだ遊びたい盛り。夜ともなればダンスホールに足が向かう。友だちがクルマで誘いにくる。ただ、おふくろが「朝寝坊するなら、夜遊びは絶対させない」と怒るわけだ。こっちは夜は遊びたいから、なにがなんでも朝は6時に起きるようになった。なにがあっても朝早起きする習慣は、最初は夜遊びしたさから始まったんだよ。

なぐられながらやっているうちに、「いつか親父を技術で負かしてやろう」という気になっていった。本気で仕事に身が入り出したのは結婚する前の24歳ごろからだったと思う。1957(昭和32)年ごろだ。だんだんと、仕事の面白さがわかってきたんだ。

生涯の恩師から教わった二つの言葉

まだ、17、18歳で遊びまくっていたころの話だ。

家のすぐ近くの鐘淵にカネボウ（旧鐘淵紡績）があった。小学校からの友人のお父さんがそこで部長をしていた。それでその広い家によく遊びに行って、泊めてもらっていたんだ。そもそも、カネボウには女性工員が３０００人も勤めていて、やれダンスパーティーだなんだと遊びに行ってもいた。

それで、そこに女性工員から俺あてのラブレターが舞い込んだ。ところが友人の祖父が、姓名判断の大家だった。70歳ぐらいのおじいさんだったんだけれど、宛名が「岡野正行」となっていることを見て、「おい、正行という字は本当にこの字なのか？」と聞かれたんだ。

そのおじいさんはかつて大企業のトップを務めた人だった。それが「この字は、一生ブタ箱に入ったり出たりの人生になる字だぞ」っていわれた。「本当は雅行というんだ」といったら、「そんないい字をなんで使わないんだ」とさんざん俺を叱った上で、教えてくれたことがある。

「岡野雅行という字は、百点満点じゃないけれど、とてもいい字だ。先に進むときにすごくいい。ただし、欠点が二つある。ひとつ目は目標を貫徹しないで、１００メートル競走なら80メートルで、もう結果がわかっているからいいとやめてしまうことだ。

もうひとつは、前にどんどん進んでうしろを閉めないことだ。きちんとうしろを閉めろ。この二つを頭に入れておけば君は必ず成功するよ」とね。

「途中でほっぽり出したら終わりだ」というこの人の言葉は、いまも俺の背中を強く押してくれているんだ。

大金持ちというのがホントにいるもんだ

あれは忘れもしない1949（昭和24）年のことだった。16歳のときだ。友だちの父親が、地元の大地主で、しかも大きな鉄工所をやっていた。戦前は軍需工場でしっかり儲けていた。墨田区でクルマが何台しかないってときからクルマを持っていた。その父親というのが、お妾さんが3人もいる。そうすると家族全部で20何人になってしまう。

俺は息子の仲のよい友だちだから、かわいがられていた。それで冬になると、「全員でスキーにいくから、お前も用意しておけ」となる。全員で汽車に乗って行くんだけれど、「お前はこの子たちの面倒を見てくれ」と小さな子どもの世話をまかされたわけだ。そのころ、上野駅からスキーの板を持ってスキー場に行く人なんていくらもいなかった。まだ、食べていくのが精一杯の時代なんだからね。

それで泊まるのが越後湯沢の「高半ホテル」だ。3泊4日ぐらいだったかな。あとで知ったことだけれど、川端康成の小説『雪国』の舞台になった有名な宿だった。

子どもたちみんなで湯沢のスキー場ですいすい滑っていく。俺も追いかけて滑った。スキーから宿に帰ると、子どもたちは靴下も服もびっしょり濡れている。そうすると、その父親は宿の仲居さんに頼んで、湯沢の町の大きな呉服屋さんが宿に服をもってくるようにいうんだ。

すると、服をいっぱい持った呉服屋さんがきて、部屋に広げるんだ。それを父親は、子どもたちによりどりみどりで好きなだけ選ばせる。「ぼっちゃんこれどうですか。お嬢ちゃんこれいかがですか」と呉服屋さんは勧めるわけだ。

その光景を見て、「俺も大きくなったらこんなことをやってみたいな」と思ったものだ。俺はこの人にかわいがられた。びっくりするような世界を見せてもらった。葉山のマリーナに連れて行ってもらってモーターボートに乗ったり、温泉に連れて行ってもらったり、クルマを乗り回したり、人ができない体験を早くさせてもらった。

道楽三昧とはああいう世界なんだ。その人のおかげで「世の中にはこういう世界もあるんだ」と教わった。「すき焼き」というものも、この人の家で教わった。元旦の日に「朝食べに来い」と呼ばれてね、はじめて食べた。世の中に、こういう食べ物があるんだと思った。

また、あるときは「浅草の三河屋のケーキを食べに行こう」と誘われた。そして、「三河屋」の食パンも食べた。「食パンでもこんなうまいものがあるんだ」と、びっくりしたものだ。

そのうち、友だちとクルマでバーに乗りつけたりもした。すると店の待遇がまったく違ったものだ。その時代にクルマに乗っている人間なんてほとんどいなかったからね。

自分がしてもらったことを、これからの人に返す

17歳、18歳ぐらいになると、だんだん親父の工場の仕事を手伝うようになった。真面目に仕事をやっていると、夜7時ぐらいに友だちが外でクラクションを「プ～プ～」と鳴らすんだ。そうするとすぐ出て行ってしまう。

浅草や錦糸町のキャバレーなどに年がら年中遊びに行って、帰ってくるのはいつも1時、2時、3時だった。

そんなことをしながらも、おふくろとの約束通り朝は6時起きだ。そして少しずつ仕事の道に進んでいった。結局、それは友人の父親のようなクルマから着る物、食べ物、温泉、レジャー、キャバレー遊びまで、とことん先をいっている人を見せられて、「俺

もいまにああなりたい。俺もクルマを買いたい。クラウンに乗りたい」というのが目標になってやってこれた。

いま、旅行とかで人をいろいろなところに連れて行くのも、そんなことができるようになったことの恩返しの気持ちからなんだ。「今度は俺の番だ」と思っている。お金なんて死んだら持っていけないんだから、みんなに喜ばれたほうがいい。

ゲンコツじゃだめ、手は広げないとね

成功へのアドバイスをひとつだけしておこう。どんな人でも、そんなにすごいことでなくたっていいから、自分の力の範囲内で人のためになにかをしてあげたほうがいい。蕎麦ひとつおごるだけだっていいんだ。「これは美味しいよ」とか、「これはいいものだ」とか思ったら、人のためにしてあげることだ。

俺も、友人の父親のように自分にそれをしてくれる人と出会ったから気がついたことだ。「ゲンコツじゃだめなんだ、手は広げないとだめなんだ」。その人はそう教えてくれた。お金だって、ただ損しないように守ろう、守ろうと閉じていたら、かえって入ってこないんだ、と教えてくれた。確かに、手は握りしめていたら、何もとれないだろう?

手を広げるからこそ入ってくるものなんだ。

つまり、自分が利を受けたならば、人に利を分け与えるということだ。そういうことを教えてくれた人の生活ぶりをみながら、俺も「あの人に追いつくんだ」と思って努力してきた。だからこそ、いまここまできた。そもそも、職人というのは、自分の腕次第で1億でも2億でも稼げる。やる気さえあれば、自分の腕でがんばれるんだ。だからこそ、目標は高ければ高いほどいいんだ。

言葉だって真剣勝負なんだ

俺は子どものころから、威勢のいいお兄さんたちと接してきた。そのお兄さんたちにもし、「え~と」「あの~」なんていい方をしたら、「お前はバカか」なんていわれてしまうんだ。だって、「え~と」「あの~」と言葉が空くのは、次を考えていないからだろう?

向島なんてところは、言葉の真剣勝負の掛け合いみたいな街だった。そこで育ってきたんだから、毎日の世界だ。「習うより慣れろ」で身につけてきた。しかも、その真剣勝負を楽しんできたんだよ。

「岡野さんは考え込まない。言葉が機関銃の弾みたいにポンポン飛んでくる」と人にいわれるんだけれど、それはそんな真剣勝負を続けてきたからだろう。それに自分の関心のあることには、いつも頭を巡らせているわけだ。だから考えないで言葉が出る。

あとは、向島の生まれだろう、べらんめえの江戸っ子口調だから、そう感じさせるんだろう。まあ、俺が落語好きで、テンポのある話し方が身についていることもあるんだ。だからって、話しまくっているわけじゃない。言葉のやり取りは戦争じゃなんだから、一方的に攻めればいいってものじゃない。言葉のキャッチボールがコミュニケーションなんだから、「剛」があれば「柔」がなくてはだめなんだ。そういう形で間があってこそ、お互いのなかでいいアイデアが生まれたり、信頼感を深めたりできる。ただ、緊張しているだけの会話じゃだめだ。

成功したいなら聞き上手になれ

俺は、ポンポンと「つっこみ」口調でしゃべるだろう？　だからたまに、自分のいいたいことだけを話したいだけの、よくいるタイプの人間に勘違いされることがある。そうじゃないんだよ。だいたい、そんな人間なら、だんだんと人が寄りつかなくなってしまうってものだ。

自分の話はきちんという。だけれど、相手の人の言葉もきちんと聞くんだ。人の言葉を聞かない人というのは、「自分だけが正しい」とか「自分が一番エライ」とか思っている人だろう。そういう態度の人は、たとえ、少々成功したとしても、それで終わりだよ。もう、伸びることがない。

そもそも、成功するかしないかは別として、「自分には知らないことがいっぱいあるんだ」という謙虚な気持ちがあれば、人の言葉には耳を傾けるものだ。聞いてはじめてわかることがいっぱいあるのに、人の言葉を遮断して自分のいいたいことだけを話すというのは、そうやって、自慢話だけをしたいとかストレスを解消したいだけなんだ。

充実した会話がしたいなら、「聞き上手」にならないとだめだ。落語家のしゃべりには、ふっと間があるだろう。すると、聞くほうは思わず耳を凝らして聞く。それと同じで、一方的にしゃべっていては、だめなんだ。しゃべっては相手の反応をよくみる。相手の言葉をよく聞く。そして、その内容に自分の言葉をつなげることだ。

聞き上手になって、お互いに理解しあってこそ、「実はいまあの会社はこんなことを考えているらしい」などという、貴重な情報も出てくるというものなんだ。

第4章

「夜の工場」で繰り返した失敗がいまに生きている

男の運命は女が決める

うちの女房と結婚したのが1958（昭和33）年3月1日、25歳のときだ。けれども、結婚したってキャバレー通いは変わらなかった。相変わらず、友だちが仕事が終わるころには迎えに来るからだ。

俺も結婚したとたんにまじめになって、友人たちに「じゃあ、あばよ！」なんて、そんな格好の悪いことができるか！ なんてね。

長女が生まれてほどなくしてから、工場の2階に住む形で両親と別居したんだけれど、それをいいことに、ますます、毎晩錦糸町のキャバレー通いだ。女房には「お酒が嫌いなのに、どうしてキャバレーにいくの？」といわれたけれどね。

それで深夜の2時、3時にしか帰ってこないんだから、さすがに女房も怒って表のカギを閉めてしまうだろう。だから、寅さんじゃないけれど、毎晩、電信柱づたいに2階の窓から家のなかに入っていく暮らしが続いた。

のろけじゃないけれど、うちの女房と結婚していなければ、絶対にいまの成功はなかっただろう。なにしろ、女房のユキの実家はもちろんのこと、うちの両親までが嫁につい

「うちの女房」、妻ユキは、会社の経理から来訪者への接待まで、なんでもお任せの最強のパートナー。
新設の工場内で

ていて、「うちの息子はろくでもないから、早く別れたほうがいい」といって勧めたぐらいだものな。

1961（昭和36）年には、次女の京子も生まれた。しかし、相変わらずのキャバレー遊びはとまらなかった。何回、うちの女房の実家に謝りにいって、「頼むから帰ってくれ」ともらいさげに行ったかしれやしない。女房はすぐ近くの家の出なんだ。だから周りの連中は「3日ともたない。すぐ別れてしまう」といっていた。

うちの両親も「あいつにはお金は持たせるな」と女房にいった。だからもう、ずっとお金は全部女房が持っている。俺はいくら入ったのか、いまだに知らないんだ。

ふつうだったらとっくに別れてしまうと思う。本当に女房にはよくがまんしてくれたと感謝するばかりだ。ただ俺も、必ず「俺と結婚してよかった」と思わせてやりたいと心のなかでは思っていたんだ。それと、仕事はちゃんとやっていたから、稼ぎはしっかりとあった。だからこそ、女房もなんとかがまんしてくれたんだろう。

お妾さんがいるような人から勉強した

結婚してからも、俺がいつも、新しい妾をつくっているような金持ちの社長のところに遊びに行くものだから、女房は気に入らなかったようだ。その人はプレス屋のオヤジなんだけれど、人生勉強になるような面白い話をしてくれる人なんだ。

だから、配達の仕事があると、そこに立ち寄っては話を聞いて遊んでくる。遊び人の社長だろう、だから面倒見がいいんだ。「そうか、まあちゃん。じゃあ、今度、あそこを紹介してやるぞ」なんていってくれる。かわいがられたんだ。

それから、その社長は「岡野君、今度はこういう金型を考えてくれよ」といってくれた。「岡野君、今日は柴又の料亭の『川甚』で組合の会合があるから、お前もこいよ」なんて呼んでもくれた。

そうやって、その社長がずいぶんと人に俺を紹介して、育ててくれた。うちの女房は「また、あんなところにいったの！」なんていうけれど、そんな妾ばっかりつくって遊んでいるオヤジだけれど、その人がくれる情報というのが、実はとっても大切なものだったんだ。

台湾で見た家族の光景

1960（昭和35）年には、2歳になった長女・依子のためにピアノを買っている。

27歳のころだ。まだキャバレー遊びは続いていたけれど、仕事には精を出すようになっていた。この当時にピアノを1台買うといったら、たいへんなことだったからね。

キャバレー通いもだんだん、間が開き始めた60年代も半ばころだった。仕事で台湾に行くことになった。そして台湾で泊まっているホテルでひとり夕食をとっていた。

すると、周りでは背広を着たサラリーマンたちが、晩餐というのか、着飾っている妻子たちと楽しそうに話しながら食事をしているんだ。そんな光景は日本では見たことがない。街でも、ダウンタウンの屋台で食べては笑いあっている家族がいっぱいだった。それが本当に楽しそうなんだ。台湾の人たちは家族の時間をこんなにも大事にしているのか、とびっくりした。日本とはまったく違う。カルチャーショックだったね。

それで、台湾から帰ってからというもの、キャバレー通いをぷっつりとやめてしまった。日曜日といえば家族サービスが日課になった。夏は海水浴、冬はスキーといった具合だ。

30分ほどで4万円という料金でセスナ機をチャーターして、子どもたちを連れて船橋上空の遊覧飛行をしたりもした。家の上も飛んだから、子どもたちと「家が見える、見える」なんてさわいだりしたものだ。

まったく、台湾旅行に行って、すっかり真面目になって帰ってきた男なんて、俺ぐらいなものだろう。

ポンコツからオリジナルの工作機械をつくってしまった

のちのち自動工作機械をつくる萌芽は、実は父親の工場で働いていた20歳ころにあったんだ。そのころ本所に自動車の解体屋とスクラップ工場があった。そういうのが好きでよく見に行っていたんだけれど、やがて自動車のベアリングやギアなんかを安く手に入れてくるようになった。それを旋盤に組み込んだりしてオリジナルの工作機械をつくった。そのころから、あれこれ工夫してつくるのが好きだったわけだ。

たとえば、昔はオート三輪というのがあっただろう？　そのポンコツからギアボックスを買ってきて、旋盤と直結させてやった。これで変速機付になった上に、ついでにバック（逆回転）まである自動機になった（笑）。そんな工作機械をつくると友だちの工場で「それくれよ」ということになって、ずいぶんと儲けることができたんだ。「今日はダイハツだ、明日は日産だ」なんて、相手にいってはつくったものだ。そのころは、変速機なんてものは、まともに買えばえらく高くなってしまう。おまけにギアの段数が少ない。自動車からはずして使えば、段数のあるギアがつけられるんだ。

そのまま機械を使っているんじゃなくて、ここを改良したら、これとあれを組み合わせたら、ずっと生産性がよくなるんじゃないか。

そんなことに考えを巡らすのが好きなんだ。まさに「好きこそ上手なれ」だし、感性でオリジナルの工作機械をつくっていった。

そんなポンコツを組み合わせていた20歳のころの下地があってこそ、金型とプレス機で組んだ自動機で大きく業績を伸ばしていくことができたんだ。

「夜の工場」でがんばっていたころ

20代後半になったころだ。いつまでもプレス屋の黒子では埒《らち》があかないと思って、親父に「俺もプレスをやりたい」といったんだ。だけれど、明治生まれの親父は頑として首を縦に振らない。実際の話、プレス屋と金型屋はすみ分けになっていて、それぞれを侵さないというのが、いわば掟になっていたんだ。

自由に動ければ、人の仕事を取ってしまうことになる。親父は「プレス屋さんの仕事を取るようなことは絶対するな」と許さなかった。ただ、俺が「このままじゃまずい」と思った理由はもうひとつあるんだ。1955(昭和30)年ごろから、超硬合金製の金型が日本でも登場してきたからだ。この超硬合金というのは、戦前にすでにドイツで製品化され販売されていた。タングステン・カーバイト製なんだけれど、日本でもその金型がつくられるようになってきた。

名前のとおり、硬くて長い間消耗しない。これが普及すれば、金型の需要は先細りになるんじゃないかと不安になったんだ。それで親父と口ゲンカしながら、結局3年間は自分の仕事はできなかった。

「朝の8時から夕方5時までは、親父の仕事を一生懸命やるから、夕方5時から朝の8時まで工場を貸してくれ」と頼み込んだのが、30歳を目前にした1963（昭和38）年ごろだった。

親父はそれでも「よし」とはいわない。おふくろが「どうせ、3日かそこらで飽きるんだから、貸してやったら？」といってくれて、ようやく「夜の工場」が稼働し始めたんだ。親父の「俺のお得意さんには迷惑をかけるな」が条件だったから、「人がやっていない仕事をやる」ことを追求した。

もちろん、すぐにプレスの仕事ができたわけじゃない。昼間、親父の仕事をしているんだから、営業なんかできないわけだ。

だから1年ぐらいは金型をつくっていた。それと、知り合いのプレス屋で内職をしてプレスを覚えたりもしていた。

新しい旋盤を月賦で買った

自分の仕事を夜の工場で始めていくと、どうしてもいい旋盤が欲しくなってくる。うちの親父の工場の旋盤はベルト掛けといって、モーターの動力をベルトを通して金型に伝えるものだった。欲しいのは直結型の最新式の旋盤だった。直結型は1分間の回転数がベルト掛けよりずっと多い。

1965(昭和40)年、俺が32歳ごろだったと思う。いろいろな旋盤を検討しているうちに出会ったのが、機械メーカー・アマダの旋盤だったんだ。ただし、値段が目の玉が飛び出るほど高かった。いまの感覚でいうと、2000万円、3000万円という値段だった。仕事を始めていたといっても、現金で買える額ではない。それでアマダの営業所長の人に頼み込んで、60回払いの月賦で買うことになった。俺は現金払い主義だから、このとき以外にはあとにも先にも月賦で物を買ったことがないんだ。

アマダの所長としては若僧にプレス機を売ったのはいいけれど、最初はしっかり代金を回収できるか心配だった。そのうち、「うちの顧客に金型の注文を取ってきてやろうか」といってくれた。昼間、営業ができないんだから、願ってもないことだった。

自分の人生を考えるとき、俺はつくづくついていると思う。機械を買ったメーカーのアマダさんが得意先を紹介してくれるっていうんだから、これほどうれしい話はない。だから、アマダとその営業所長は、かけがえのない恩人なんだ。

金型付の完全自動化プラントを売るアイデア

アマダの営業所長から金型の仕事をもらっているうちに、金型だけではなくて、その金型を取りつけたプレス機を売る、当時は省力機と呼ばれていたけれど、いわゆる自動機を売るアイデアを思いついた。プレス加工を目指してはいたが、まだ、それはできなかったころだ。

金型付の完全自動化設備をプラントとして売るわけだ。プレス加工品はつくらないんだから、プレス屋の仕事を浸食することもない。アマダとしても、高いプレス機が売れるのだから、こんなにいい話はない。三方一両得のようなことだった。

このプラントのためには、まず、顧客の注文にあったいい金型がつくれなければいけない。そしてその金型をプレス機に取りつけた上、すべての作業を自動化できる装置もつけなければいけない。だから、これは単なる金型屋にもできなければ、プレス屋にも組み立てることはできないんだ。誰にもできない、まさに儲かる仕組みを発見したことになる。

プレス機はアマダから買う。その機械は700万、800万円はするものだ。これに、金型と周りにいろいろな装置をセットとしてつける。それを自動化設備プラントとして売れば、相手の会社はすぐに使える。これまでひとつの工程に人が1人はついていなければいけなかったのに、全部が自動化される。この付加価値をつけて、プラントとして売るわけだ。

しかも、それが問題なく動くということを約束する。そのために、きちんと作業しているビデオを撮影して、これをつけて販売したんだ。これだけのことをしたから、数千万円のプラントが、ひと月に5台ずつ売れた時期もあった。ただし、この自動機にはつくるための図面なんてない。そこが勝負だ。図面がなくとも完全に動く。そんな自動機をつくる会社なんてどこにもない。ただし、図面がないだろう。「感性」でつくるから、プラントが毎回違ってしまうことにもなる(笑)。

自動機づくりにとりかかるまでの間、俺だって、伊達にあの妾持ちのプレス屋のオヤジさんの家に遊びに行っていたわけじゃないんだ。いったいこのオヤジは、どうして働かないのに年中、妾をつくっているほど儲かっているだろう？　それを観察させてもらいに行っているんだから。たいして働かないのに、高い外車には乗っているし、年中ゴルフだなんだとかいって飛び回っている。

俺たち金型屋は朝から夜遅くまで一生懸命働いているのに、この違いはなんなんだ。「なぜだろう？」というのを詰めていった。その答えとして、まずは付加価値のある自動機プラントをつくろうと思い至ったというわけだ。

商売の知恵で恩返し

このプラントによって、アマダのプレス機はどんどん売れた。創業者の天田勇さんに表彰状をもらったぐらいだ。それだけではない。アマダに、学校を卒業したあと静岡の営業所、九州の営業所と転々としても営業成績があがらない、ある男がいた。

彼は、うちの近所の営業所に最後にやってきたらしい。「ここで売上が上げられないならクビだ」と、ここが最後だぞといわれてやってきた。彼を連れて所長がきて、「岡野さん、彼はここが最後だから、なんとか商売できるように、仕込んでやってください」という。

本人も「岡野さん、なんとかいいプレス屋さんを紹介してください」と必死になって頼むんだ。俺は「まあ、ちょっと待ってろ、そのうちチャンスがくるから」といって付き合っているうちに、その男がなかなか熱心なやつだとわかった。だから、「あそこにいってみろ」と、いろいろなところを紹介してやった。それから、俺の名前を出して営業するから、プレス機がだんだん売れ出していったんだ。

それについては面白いエピソードがある。

あるときに、元請けをやっている大きな会社を彼に紹介した。彼はそれでその大会社に営業に行ったところが、「お前のところのプレス機なんか買うか！」とけんもほろろにあしらわれてしまって、それを俺に報告にきた。

「バカだな、お前は。俺がいい戦略を教えてやるから、俺のいうとおりにやってみろ！」といったんだ。その戦略とは、その会社の下請けをしている会社には全部、月賦で安くプレス機を売ってやるというものだ。そのうち、大会社の下請けはみんな新しいプレス機を導入してしまった。

ところが、その大会社は古い時代遅れのプレス機を使っているんだから、体裁がつかないことになった。しかも、俺は営業の彼に最初から知恵をつけておいたんだ。「大会社には、向こうがどうか売ってくれ、といってくるまでは絶対に営業には行くな！ まちがいなくいってくるんだから」とね。それから、売る場合は、「定価より高く売れよ」ともいってあった。

案の定、1年ぐらいしてから、その会社がえばって「買ってやる」といってきた。そして「いくらだ?」というから、彼は定価よりも高い価格で売ってやったわけだ。帰りに「岡野さん、売れたよ」と喜び勇んで報告にやってきた。

だから、「そうだろう、商売というのはこういうものなんだ。よく覚えておけ」と教えてやった。下請けに安く売った分も、これで元をとったようなものだろう。商売ってやつは、こうやるんだ。その後、彼はアマダの社内の売り上げトップの常連になった。アマダの報奨で何度もヨーロッパ旅行にも行っていたよ。

ついでにいうと、さっきのプレス屋の大会社は金型屋だった親父の会社を見下して、横柄な態度をとっていたんだ。それをみていた俺も、「いまにみていろ」という気持ちがあった。だから「これで一本とった!」というわけだ。

ドイツの原書を買ってきてプレス技術を学んだ

プレス加工をめざし「夜の工場」でがんばって、しばらくしたころの話だ。30歳前半のころだった。

俺はほかのところに勤めたことがない。技術はすべて親父から学んだわけだ。親父から学ぶことがなくなってしまったら頭打ちになってしまう、と不安になった。

俺はサラリーマンをやっていないだろう。だから、職場の先輩というのが誰もいないんだ。先輩といえば、うちの親父だけなんだ。なにか知りたくても誰にも教えてもらえない。親父だっていつまでも生きているわけじゃない。

それで、あの生涯の恩師というべき、友人のおじいさんに相談に行った。「もう、親父に教わることがないから、よその会社に入って苦労していろいろな技術を覚えたい」と。そうしたら、その方が「岡野君、苦労なんてものは自分から求めるようなものではないんだよ。黙っていたって向こうからやってくるんだから、無理することはないんだ」という。

「岡野君、何のために本というものがあるんだ。どんなえらい学者だってみんな本を読んで勉強しているんだから。本を買って勉強すればいいんだ」と教えてくれた。そして「日本橋の丸善に行けば、役に立つ洋書があるから、それを買って読め」と細かくアドバイスしてくれた。

「洋書って、英語も読めないのに？」といったら、「イラストと図面が載っているから、

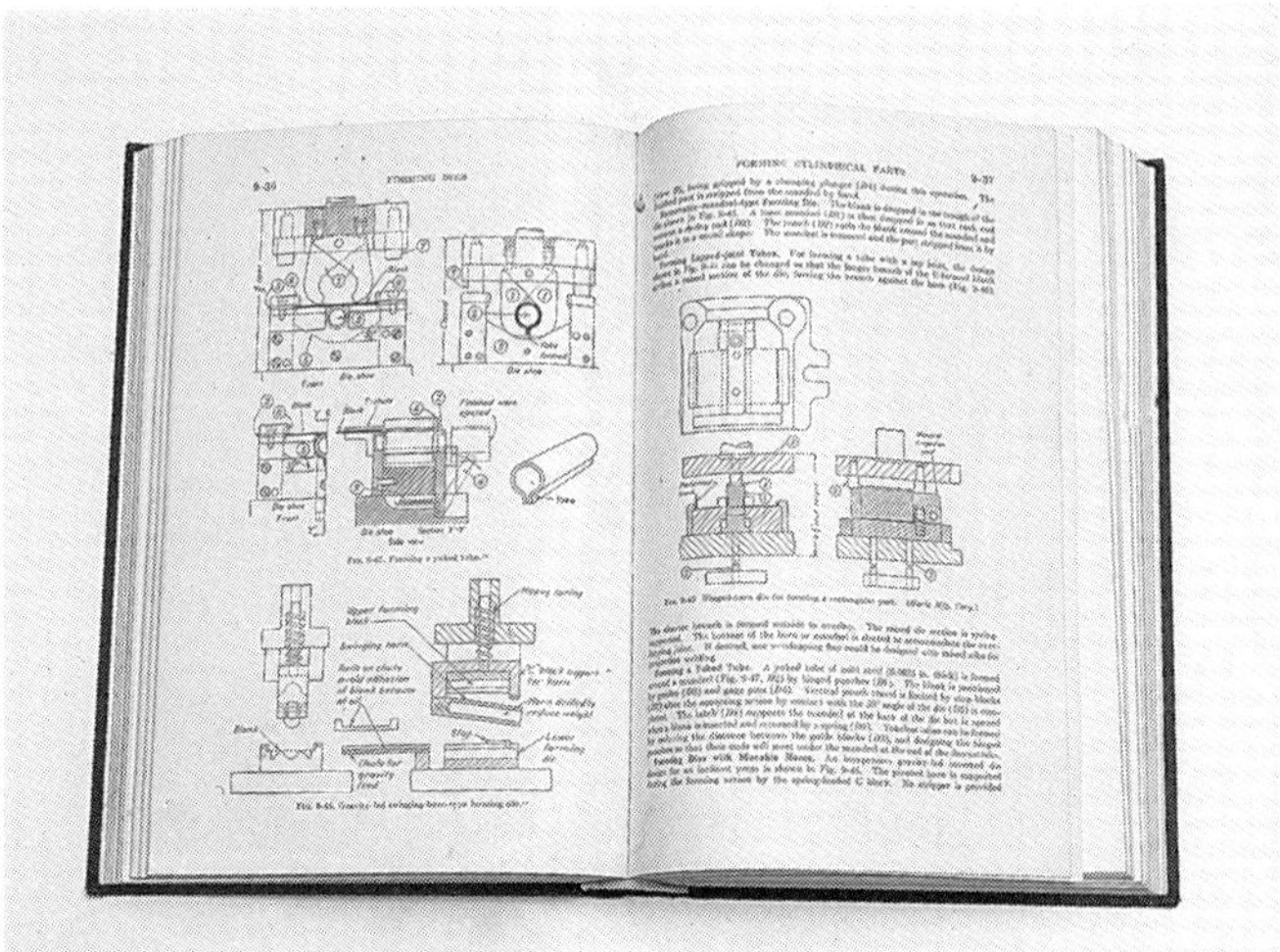

40年も前に買ったドイツのプレス技術の解説書。当時の最先端の技術をイラストと図版から学んだ

それを見れば職人なんだから、わかるだろう。見て覚えればいいんだ」というんだね。

それで自転車に乗って丸善に行くと、ドイツ語の洋書があって、これがイラストがいっぱい載っている。それを買ったわけだ。『Schnitt, Stanz und Ziehwerkzeuge』というタイトルのプレス技術の解説書だ。

忘れもしないけれど、その本の値段がなんと1万2500円もしたんだ。昭和40年ごろだったから、公務員の初任給が2万何千円ぐらいのときだ。

給料の半分が飛ぶような高い本だったけれども、とにかく、「これだ！」と思い切って買ってきた。

ドイツのプレス技術は進んでいて、その本に書かれていたのが、「冷間鍛造」という先進のプレス加工技術の方法だった。まさに「目からウロコ」ものだった。

鍛造には熱を加える「熱間鍛造」と常温のまま加工する「冷間鍛造」があるんだけれど、このドイツの本に書かれている「冷間鍛造」を使うと、アルミニウムでも鉄の塊でも、一工程で一瞬にしてできてしまう。

日本でやっているのは、何個もの金型をつくって10工程以上の工程をかけてのばしてつくっていくものだったから、ほんとうにびっくりした。

人生の恩師のいうとおり、その本を見て俺は一生懸命、勉強したんだ。つまり、人とは違う、一人で歩む道を選んだ。結局はいま考えれば、かえってそのほうがよかったと思う。

あのドイツの本は40年近く経ったいまだって、ときどき目を通すことがあるんだ。いまだに、気づいていないアイデアがきっとあると思うね。

毎晩、毎晩、本を眺めて格闘した

ともかく、この技術をやってみようと、親父の昼の工場の仕事が終わると、ああでもないこうでもないと、まさに格闘したわけだ。プレス機の先に試作した金型をつけては、毎晩、毎晩、やってみるんだけれども、板が本にあるようには延びなくて焼き切れてしまう。1年間もそれを続けたけれども、どうやっても上手くいかなかった。

「本当にできるのか」と疑いを抱き始めたころに、友人で金属のスクラップ業をやっている人間が、スクラップを回収している会社でアルミを型にいれて一瞬で叩き出しているのを見たというんだ。ドイツと技術提携している会社らしい。それで、その友人が仕事に行くとき、同じ仕事着を借りて工場を見に行ったんだ。

するとこちらが1年間やってだめだったのと大きな違いはないのに、パンと叩いて打ち出している。いったいどこが違うのかと思って、最後に潤滑剤の油に秘密があると気づいたわけだ。

でも、「油をくれないか」というわけにもいかない。それで、昼どきに工場の職人さんに「おじさん、俺の自転車のチェーンが錆びついて困っているんだ」と話したら、「そこの油をつけておけ」という。それで油を手ですくって持って帰ってきた。

そして試作した型につけて抜いたら、トンと延びて成功したんだ。「やっぱり、油だったんだ！」と思わず手を叩いた。

これには後日談がある。最近、講演会でその話をしたら、そのときの会社の人が偶然にも来ていて、「岡野さん、うちの仕事を見て行きやがったな」といっていたけどね。

第5章

人を大切にするから、貴重な情報が集まる

「親父、引退しろ！」

1972（昭和47）年だった。プレスの仕事がどんどん入り始めて寝る暇もないときだ。「明日から俺が社長をやる。親父、引退してくれ！」と俺はいった。

親父はもちろん、カンカンに怒った。だけど、「いままで以上の収入を必ず俺が出すから」と承諾してもらった。俺は周りの2代目を見てきた。もう、冒険も挑戦もできない、したくないような歳になって会社を譲られたって仕方ないんだ。

「いまこそ、打って出るとき！」と決意した以上はやり遂げるしかなかった。

親父のしがらみから一切逃れるために、親父の得意先との取引はすべてやめた。それから、親父の代の職人にはすべて辞めてもらった。

そして晴れて岡野工業が出発することになった。

いま、73歳の俺が現役でやっている。親父にはひどいことをいったな、と思う。だけど、やっぱりあのチャンスを逃したら、いまはなかった。親父はそれからも毎日、工場に通ってきた。そして、「こんなものを捨てるなんて、もったいない」とか「お前は、まだまだだ」とか小言ばかりいっていた。

写真上・愛車の日産GXといっしょに親父の代の
「岡野金型製作所」の前で（30代のころ）
写真下・現在の岡野工業

俺のことをほめたのは、87歳で脳出血で倒れてそのまま逝ってしまうまでに、ただの1回きりだったね。「お前も上手くできるようになったな」とね。

「金型屋はプレスができない」をぶっ壊してきた

金型屋は永久に金型屋でプレス屋にはなれない。「冗談じゃない！」といくらそう思ったって、その壁は簡単なものじゃなかった。その掟を破ったとたん、業界から村八分にされてしまうんだからね。甘いものじゃないんだ。俺はテコでも動かない世の中の仕組みをぶっ壊してきたんだから、大変だった。いわば、あの小泉総理の「自民党をぶっ壊す」みたいなものだ。

「金型屋はプレスをやるな」といったって、それは金型屋を永久に下請けにしておきたいプレス屋の都合だ。金型屋は金型をプレス屋に納めれば終わり。メーカーの情報は一切入らない。プレス屋は金型を壊れるまで使い、情報はいつもメーカーと交換できるんだ。

「プレス屋の仕事を奪わない」を条件にプレスをやりだしたけれど、プレス屋の圧力はすさまじいものだった。俺が正式にプレスの仕事を始めるのは45歳のときだ。「夜の工場」でプレスを始めてから、10何年が経っているんだ。

ただし、それが「よそがやらないむずかしい仕事と安い仕事」に挑戦してきたパワーの源でもある。よそがやらない分野をやり続けることで、ついに「金型屋はプレスができない」をぶっ壊すことができたんだ。

はじめて受けたマスコミの取材は「金型の魔術師」

いまではさんざん、マスコミの取材を受けているが、はじめて取材を受けたのが、1986（昭和61）年のことだった。俺が53歳のときだった。NHKの教育テレビスペシャル「日本解剖~経済大国の源泉」という10回シリーズのうちのひとつの番組でとりあげられたんだ。

墨田区の産業経済課長が「おもしろい金型屋さんがいましてね。信用金庫の講演会で『すぐにお金がもうかる秘訣』を3時間近くしゃべった人で」と紹介した、となっている。

なにしろ、1986年の当時は、世の中は「円高不況」のまっただ中だ。大企業は海外に進出してしまう。中小企業はどうやって生き残ったらいいのか、必死だった。「小企業・日本産業の影武者」なんてタイトルもついていたかな。

そんな世の中で展望のある小企業の秘密を探ろうというわけだ。岡野工業は、深絞り金型技術とプレス加工で「社員4人で年商4億円」を生み出している。俺は「金型の魔術師」という触れ込みだった。

日本放送出版協会から『日本解剖2～経済大国の源泉』というタイトルの本としても出版されている。なつかしいのは、最後に「2日後に、家族とバンコックに旅立つ」と紹介されていることだ。盆と正月の休み以外は働きづめの毎日だから、番組でも話しているけれど、年に2回の海外旅行、「これだけが本当の休日、充電の旅」だったんだ。

相手を引きつける話し方は落語から

仕事の技術は全部、親父から学んだ。人生に必要な気合い、世渡り、話っぷりというのはおふくろから学んだ。おふくろは話上手だ。営業力があるんだな。ふつう、職人というのは、「口べた」というのが当たり前だ。俺の親父ももちろん、そうだった。

ところが、俺は講演をやっても、2時間でも話し足らないぐらいだから。べつに理屈はいらない。本を読んでしゃべるんじゃない。自分が70数年生きて経験してきたことを話すんだから、どこまでだってしゃべれる。

講演は話を聞いてくれる人との対面勝負なんだ。あるとき、有名な機器メーカーの講演会に行った。それで講演の時間を聞かれて「2時間」といったら、責任者の人がびっくりしていた。そして、「面白くなくてお客が出て行ってしまったらたいへんだ」と悩んだらしい。ところが、やったら「面白くて、あっという間に時間がすぎてしまった」といわれた。

漫然と話しているわけじゃない。落語が好きでずっと聞いてきた。どう、話を始めて、どう相手を引き込んでいくか、それをちゃんと考えて話すのが身についている。

やはり、あるとき、財界人の軽井沢のセミナーに呼ばれて講演した。俺が最初だった。次はある誰でも知っている有名な評論家だったんだ。だから司会者にいった。「俺が先に話しちゃうのは、○○さんがかわいそうだね」とね。「お客さんは、○○さんの話のときに必ずあくびするから、黙って見ていてみな」と。

「俺の話はいま聞くと明日儲かる話なんだからね。○○さんの話は年金がどうした、こうしたなんていう、漢方薬を飲んでいるような話なんだから」といってやった。司会者は「ほんとですか?」といっていたけれども、案の上そうなった。俺の話は直接、どうしたら儲かるかという、生臭い話なんだから。話を終えて壇上から降りると、みんな握手を求めてきた。○○さんには誰も握手なんか求めていなかった。

俺の話は評論家の人の話とは違うんだ。年に70回は講演している。それで「また、やってくれ！」というリピーターの依頼がいっぱいくる。むしろ、断わるのがたいへんなぐらいだ。

なんでも空（から）で返してはだめだ

俺は講演は「60万円」だといっている。それは欲張りでいっているわけではない。だって、もし「10万円、20万円」といったら、毎日講演することになってしまう。こちらは自分の商売を持っているんだから、そんなことはできない。60万円という高い講演料だったら、そんなに注文がこないだろう。だから、そうしているんだ。

ただし、60万円なら、その1割は手伝ってくれた人たちに還元するようにしている。

講演に行くときは、まず、きちんとしたお土産を持っていくようにしている。重くたって相手には珍しいものを持参するんだ。それから、クルマで送り迎えをしてくれる運転手と同伴の人の2人に、それぞれに1万円の謝礼を渡すようにしている。

若い人は知らないと思うけど、昔、お祭りとか誕生日とかのとき、近所の人などが重箱に入れたご馳走を持ってきてくれたものだ。その重箱を返すときに、うちの親は重箱のなかにマッチを入れて返した。「空で返してはいけない」ということなんだ。

どんなことでも「空」で返してはいけない。自分で全部丸取りというのはだめなんだ。取材だってそうなんだ。びっくりしたのは、イギリスのBBCだ。取材のときに、きちんとした土産を持参してきたものな。「郷に入りては郷に従え」なのか、ともかくしっかりしているんだ。相手の気持ちを理解している。最近は、日本人のほうがその辺が全然だめになっているんだからね。

人間、仕事で伸びていくためには、その辺のセンスがものすごく大切なんだけれど、だんだん、それを教えてくれる人もいなくなるし、学ぶ機会もなくなってしまった。俺の時代には、それは親や年上の人が教えてくれたものだけれどね。

なにごとも「倍返し」の気持ちが大切なんだ

なぜ、「倍返し」するのかわかるかい？　うちにはよくお客さんがみえるだろう。たとえば、1000円の菓子折りを持ってきてくれた人がいるとするだろう。その人は「岡野さんは、いつもいろいろなものを食べているから、たまにはこんなものがいいだろう」と思って買ってきてくれた。だから、その気持ちが1000円だ。お土産が1000円。2000円だろう？　だから、俺は2000円のものをお返しするんだ。

これは世の中の流れなんだ。金額の高い、安いじゃないんだ。大切なのは、人にたいするその気持ちだ。これがわからないと、仕事は成功しない。本当なんだ。

よく「損して得取れ」というだろう。あれも同じことだ。「結果はたいして変わらないだろうから、けちっておこう」なんてことをするほど、損してしまう。

「ちょっと、そこでおいしそうなものがあったから買ってきました」とかでいい。大事なのはその配慮なんだ。これが不思議なことに、人間同士の発展的なつながりになってくる。そこから、また、話がぱーっと広がっていくものだ。ゼロってやつはどこまでいってもゼロなんだ。

ほんの少しのことでも、人間同士の掛け合いで、大きくなっていく。それがわからないやつは、成功できないよ。

「岡野さん、100円ショップにこんな面白いものがあってね」だって、いいんだ。値段じゃない。それだけで重要な情報だろう？　あいつは100円ショップに行っているのか、なんて、その人の行動範囲が見えてくる。100円ショップでこんな商品が出てきているのかとか、たった100円でも、いっぱい情報がついてくるだろう？　それはその人がその品物を持ってきたからはじめて見えるものだ。だから何度もいうけれど、値段じゃないんだ。

最近も俺の友だちが、「あそこの会社が倒産したから」といって箱いっぱいのオモチャの自動車を持ってきてくれた。全部、ブリキの日本製だから、うちにくる人にあげるだけでも喜ばれている。

いろいろな人と付き合って感性を磨く

人間、自分の商売関係の人とだけ付き合っていたんじゃだめなんだ。いろいろな人と関係を結んでいないといけない。そうすると、思いもかけないことにであったりできる。商売がどうのこうの以前に、それが楽しいわけだろう?

俺なんて、自分のTシャツをつくったり、いろんなことをやっている。Tシャツもおしゃれでなくちゃ、面白くない。

俺の友人に東大を出て、1人で看板屋をやっているのがいる。銀行の看板をデザインしたりと、器用な人間なんだが、その彼がデザインしてくれた俺だけのオリジナルのTシャツだ。そんなことが面白い。

なにごとも感性を大事にしないといけない。「そりゃ、面白しれえな～」っていう感覚を持っていないと、いい仕事はできないんだ。無理にやることじゃないけれど、あえていえば意識的にでも、いろいろと個性のあるやつ、違った商売や仕事をしているやつと付き合ったほうがいいものだ。

子どもだって同じことだ。「かわいい子には旅をさせろ」っていうだろう。子どものころから、いろいろと違った世界があることを見たり、知ったりするのが大切なんだ。「カゴの鳥」で子どもを守っていたら、結局、子どもをだめにするだけだ。

第6章

新しいものが好き、人より早くやるのが好き

預金封鎖と「銀行を信用するな」

戦後まもなくの思い出でよく覚えているのが、盲腸をがまんして腹膜炎を起こしてしまったことだ。前日に浅草に行って、イカ焼きを食べたんだ。だから最初は腹痛だと思っていた。がまん強いほうだから、痛くても3日間もがまんしていた。とうとう、痛くて痛くて立てなくなってしまったんだ。それで親父とおふくろが俺をリヤカーに乗せて病院に急いでかけつけたんだけれど、「もう、手遅れです。いまからでは手術しても助からない」といわれてしまったんだ。

麻酔をかけていないから、親父と医者の会話が全部耳に入ってくる。「もう助からない。お金がもったいないから、このままあの世にいかせてあげたほうがいいんじゃないですか?」という話が聞こえてきた。

親父は長女を3歳で亡くしているから、あきらめきれない。「助からなくてもいいから、とにかく、手術をやるだけやってくれ。お金のことはかまわないから」というのが耳に入ってきた。

そのころは、みんなお金に苦労していた。手持ちのお金がないんだ。それというのも、預金封鎖というのがあったからだ。1946（昭和21）年の2月21日に、突然に銀行や郵便局に預けていた預貯金は、封鎖というんだけれど、つまり、一切おろすことができなくなってしまった（手元にあった5円以上の紙幣も強制預貯金させられた）。当時のインフレや食糧難に対して進駐軍（GHQ）がとった施策だった。

その上で、封鎖預金は新しい紙幣の「新円」で、毎月に世帯主が300円で、家族が100円以内ならおろしていいとなったんだ。「新円切り替え」というやつだ。だから、もっとお金が必要な人間は、下ろすお金の余裕ない人のところに行って、その権利を売ってもらうわけだ。なにしろ、あってもなくても300円しかおろせないんだから、お金を出して権利を売ってもらうしか方法がなかった。家の親父もずいぶん売ってもらったはずだ。

3月からは新円切り替えで旧紙幣はただの紙切れ、まったくなんの役にも立たないものになった。おまけに預貯金が封鎖されている間にも物価がどんどん上がったから、預貯金の価値もないに等しくなってしまった。

親父は戦争中に、収入が少ないときでも食うものも食わないで毎月、コツコツと預金していたんだ。それが政府の政策で1日で紙切れ同然になってしまったんだから。それ以来、「国や銀行は信用するな」が岡野家の家訓のようになっている。

新しいもの好き

俺はとにかく新しいもの好きなんだな。17、18歳のころから宮城県の蔵王にスキーに行っていた。それで20歳のころだったかな。スキーに行っていて、あるとき、コースからはずれて崖から下に真っ逆さまに落っこちてしまった。俺はコースを走るのが嫌いなほうだからね。

思い切りつっこんでしまったんだから、しばらく、息がつけない。這いずりながらやっと帰ってきたんだけど、若かったから蔵王の温泉につかったら腰の痛みが治ってしまった。

でも、これならまだ滑れるとすぐまた滑ったのがいけなかった。それ以来、腰の痛みが取れなくなってしまった。持病なんだ。寒いときなど、足があがらなくなるほどだった。

それで、こっちのお灸が効くと聞けば、そこにいく。あのマッサージがいい、どこの温泉が効くといえば、新しいもの好きも手伝って数限りなくあれこれと試してきた。だけれど、いっこうによくならなかった。

それが、この5年、毎週土・日に女房と通ってきた佐野の酵素風呂で全快したね。65℃ぐらいかな。おがくずが自然発酵しているなかに入るんだ。とにかく飛び上がるほど、猛烈に熱い。その熱いのを20秒ぐらいがまんする。そうすると体の温度に冷やされて、なれてくる。ともかく、これで全快したな。アトピーとかガンの患者もくるね。ガン細胞は熱に弱いから、効果があるらしい。俺も髪が黒くなってきたし、髪が増えてきた。そこに毎週、土・日、往復高速代をかけて、愛車で通ったおかげだ。

新しいもの好きといえば、俺のクルマ好きも半端じゃないよ。メルセデスベンツE55AMGというクルマは、排気量が5500cc。

この間、このクルマに60歳ぐらいの知り合いを乗せた。その人も運転の好きな人なんだけれど、後ろから「この運転は70代の運転じゃない。20代だ」とびっくりしていた。このクルマを思いっきり加速すると、ジャンボジェット機が飛び上がるよりももっとすごいほど、重力がかかる。「ぶるぶるぶる〜」と飛んでいく。

ただ、すごいクルマだけど、俺はスピードは出さないね。いくらでもスピードの出るクルマのスピードを出さないのに価値があるんだ。

ちょっとアクセルを踏めば加速する。その余裕があるからこそ、スピードを出さないんだ。スピードの出ないクルマで無理にスピードを出すからつかまるんだ。これこそ、世の中の縮図かもしれない。ともかく俺はクルマが大好きなんだ。それも2ドア以外に買ったことがないんだよ。いまのベンツＡＭＧだけは4ドアなんだ。

はじめはバイクが好きでバイクに乗った。23歳ごろからバイクに乗っている。最初に買ったのはヤマハの１２５ccだった。その当時は革のジャンパーなんて高くて買えないから、冬は服の下に新聞紙を巻くんだ。新聞紙を体に巻くと風が通らないから暖かい。そんな風にしてバイクに乗ったものだ。26歳ごろに買ったのが、ホンダＣＢ２５０。いいバイクがほしくてしかたがなかった。

はじめて4輪を買ったのは１９６１（昭和36）年。28歳のときだ。それからはずっと4輪に乗ってきた。マツダ（当時、東洋工業）のクーペＲ３６０だった。もちろん、2ドアだ。２人目の子どもが生まれたときに、このクルマを買って病院に迎えに行った。

この小さなクルマに乗ったとき、「ちょっと、横浜まで行って風呂にでも入るか」と走り出した。それが、どんどん、夜中じゅう走って、とうとう熱海までいってしまった。それで熱海の温泉につかって、帰ってきたのは翌日の朝だったね。はじめてクルマに乗ったんだから楽しくてしょうがなかった。

そのころは、まだ高速道路なんてなかったけれど、交差点の信号機だって少なかった時代だ。信号待ちがないんだから、走るのも速いというものだ。

カラーテレビを買ったのはずっとあとの1964（昭和39）年、東京オリンピックのときなんだから、どのぐらいクルマ好きかがわかるだろう。

それから、マツダキャロル、マツダファミリア、日産GXクーペと、いろいろなクルマに乗ってきたね。国産車だけで10台ぐらいは毎年買って乗り換えていた。車検が来る前に乗り換えてしまう。外国車も5、6台は乗りついできたんだ。

なんでも人より早くやりたい人間なんだ

カメラは小学校4年ぐらいのときに、叔父に買ってもらって遊んでいた。この叔父が気前よく2眼レフのカメラのローライフレックスを買ってくれた。それからは大のカメラ好きで、結婚してからもいつもカメラを持ち歩いていた。だけど、みんながカメラを持つようになってから、興味が薄れた。

ビデオカメラにも凝った。1台100万円したころに買ったんだ。200ミリのレンズがついていて、どてかいソニーのベータマックスだ。業務用みたいなものだ。それを海外にトランクに詰めて持って行った。香港、タイ、セーシェル諸島に持って行った。バッテリーだけでもものすごく大きい。

そんなビデオカメラを持って行く人間なんていないから、プロと勘違いされたものだ。とにかく、早いもの好きなんだ。でも、安くてコンパクトになってみんなが持ち出すとつまらなくなってしまう。

海外旅行だって、1ドル360円のときから行っている。このころ、海外旅行する日本人はまだまだ少数だった。当時は1人1回に500ドル、つまり18万円までしか外貨を持ち出せない時代だった。うちは会社の社員旅行だって海外旅行だった。

人と違うことをしたい。同じことをやるのは大嫌い。家族サービスを兼ねて、1961（昭和36）年ごろ、千葉県の鴨川の海岸までタクシーで乗りつけて海水浴して、またタクシーで帰ってきたりした。それで運転手には1万円を別にあげたから、仰天して大喜びしていた。なにしろ、サラリーマンの初任給が1万5千円ぐらいのころなんだから。

同じころ、横浜マリンタワーの下にあったイタリア料理の専門店によくクルマで食べに行った。日本ではイタリア料理の専門店なんて、まだめずらしかった時代だ。

そうかと思えば、オーストラリアのパースの超高級ホテルに泊まったりもした。有名なヨットレースの「アメリカンカップ」をデザインした部屋に泊まった。ホテルのワンフロア全部が自分たちの部屋なんだから。次女の京子が当時、オーストラリア国営のカンタス航空のスチュワーデスをしていたから、半額で泊まれたよ。

オーストラリアはほとんど回った。パースから東に350キロメートルほどのところにある、ウエーブロックという15メートルのものすごい波のような形をした奇岩も見に行った。

ああいうところは若くて元気でなくてはいけないな。舗装道路の上をたくさんのワニが横断しているんだから。ぶらぶら散歩なんかしていられない。標識にも「ワニに注意！」と書かれているようなところだった。

フィリピンもよく行った。社員旅行でも行った。1979（昭和54）年には、フィリピンのミンダナオ島南東部のダバオに遊びに行った。インドネシアのボルネオ島にオランウータンを見にも行った。

洋服とか靴とかの買い物をするためによく、香港に行ったものだ。たまに、マカオにギャンブルしにも行った。それで俺は儲けてしまうんだ。中国の「大小」というやつ。大か小かの勝負だからね。勝負というのはね、速いのがいいんだ。勘だけで勝負するわけだ。みんなすってしまうのに、俺だけは1万円の元手で26万円儲けたことがある。

いまはチップになってしまったが、当時は現金だった。現金を直接テーブルの上に置く。その醍醐味といったらないんだ。

ひところは、孫も連れて年に3回は海外旅行に行っていたんだ。そんなこんなで海外旅行もいまは、あんまり行きたいと思わなくなった。ともかく、仕事が大好きでしょうがなくて、稼いできたから、こんなこともできたんだ。

おしゃれをキメては浅草国際劇場に通った

幼稚園に行ったときは、セーラー服に帽子姿だった。バスケットを持って通った。うちの両親は子どもにいい学校に通わせたい一心だったから、服装もおしゃれさせた。浅草に遊びに行き出したころ、友だちの親が浅草の洋服屋だった。それで「おまえ、これはいい洋服だぞ」とか「この靴はいいだろう」とか、いろいろな情報を教えてくれたものだ。その友だちの親は貴金属屋もやっていた。それで俺も時計や貴金属もよく見て知識を仕入れていたものだ。

友だちのその店に飾ってあるかっこいい服なんて、ちょっと借りて着てみて、あとでもとのつり下げられているところにかけておくんだ。そんな影響もあって、若いころからワイシャツをあつらえてつくったりした。戦後の1950年代に、大流行した「ギャバジン」（ギャバ）というおしゃれな生地を知ってるかい？　それでズボンやブルゾンやジャンパーをあつらえたりした。ギャバジンって光沢があって、若者に人気があった。

そんな流行のファッションを着こなしては、浅草の国際劇場に通ったもんだ。国際劇場はレビューあり、劇ありですごい人気だった。いまはその国際劇場もなくなって、跡地に浅草ビューホテルが建っているけどね。

当時の浅草といえば、いまの六本木みたいなものかな。とにかく先端を行っていたわけで、流行、文化、芸能の発信地だった。

のん気に寝てなんていられない

俺の友だちが国際劇場に顔が利く人間だった。それでいつも「岡野！ 今日は小月冴子に会わせるから」とか「川路龍子に紹介するから」なんていうんだ。小月冴子、川路龍子といえば、国際劇場でレビューを演じていたSKD（松竹歌劇団）のそのころのトップスターだ。肩で風を切って歩くような大スターなんだから、こちらは「そいつはすげえ」となるだろう。それで舞台の裏からレビューを見せてもらったりもできた。あのころの時代ってものは、実に活き活きとして面白かったね。

確か1951（昭和26）年ごろだったと思うけれど、浅草の松屋デパートにダンスホールができた。戦後の東京では、ダンスホールはデパートのフロアにできたんだ。その松屋のダンスホールに、仕事が終わると友だちとしょっちゅう出かけていった。背広を着ていくんだ。

そんな派手な世界に流行のファッションで通っていく。花街のお姐さんたちのファッションを見ているわけだから、その派手な着こなしが当たり前に感じた。無理しているんじゃない。自然と流行の世界に染まっているんだ。

それからみんなで浅草の喫茶店の電蓄（電気蓄音機）でレコードを聴いたりもした。自分の好きな「テネシーワルツ」とか「涙のワルツ」のレコードを持って行って聴いたんだ。喫茶店に行けば、「おい、なんか食べていけ」なんて、マスターがかわいがってくれたものだ。

当時、喫茶店やバーは深夜の2時、3時までやっているんだから、まさに不夜城だったんだ。若いヤツが楽しくてしょうがないのは当たり前だろう？　とても家で寝てなんかいられないね。

町内はガキたちの天下だった

つくづくいま思うけれど、こうやってありとあらゆることをやって遊んでこれたのも、いい先輩と友だちに恵まれたからだ。なにかといえば、声をかけてくれる先輩、友だちがいっぱい周りにいた。

漫才みたいな話をしよう。子ども時代は、冬は寒いからよく外でたき火をしたものだ。昔は通りでたき火なんていくらでもできた。たき火を囲んでいるほうが、家になんかいるよりよっぽど楽しい。

年下の子どもらには、「おい、なんかたき火でたくものをもってこい」なんて命令するわけだ。「さんだらぼっち」っていう、米俵の両端に当てるワラの蓋《ふた》の部分をとってこいとか、空いた炭俵をもってこい、とかね。あれはよく燃えるから、たき火にするにはいいわけだ。

それでいいものをとってこれないやつは、町内のどぶ板をはがしてとってきてしまったりした。昔はどぶ板は、まさに板だった。それを燃やしてしまってあとで町内のオヤジたちに大目玉を喰らうって寸法だ。

もちろん、燃やしているだけじゃつまらない。食い物が必要だ。それで「お前あれもってこい、これもってこい」とね。さつまいもを焼き芋にして食べるのがうれしかった。町内のたき火はガキたちの天下だった。

たまにはオヤジたちが加わってきて、能書きをいったり、世間話をする。子どもたちはそれを黙って聞いている。
そんなことが、いまの人生のノウハウに役立っていると思う。

第7章

ひとつのことをやり抜けば、かならず見えてくるものがある

人間、最初の出会いが一番大事だ

結婚だって、最初に結婚した相手がいいんだ。つまり、離婚して2度目の結婚をすれば、自然と男も女も前の相手と次の相手を比較するわけだろう？　比べるものがなければ人間はがまんができる。

比べるものがあることは一見よさそうに見えて、実は不幸なんだ。がまんや努力をすることのブレーキに作用することがほとんどだからだ。

就職だって、苦労して新しい会社に転職したとしても、一番最初の会社がよかったとか、「なんだ、今度の会社は期待したような内容じゃない」と思ったりするものなんだ。人間は比べだしたらきりがないものなんだ。

クルマを考えるとよくわかる。最初のクルマなんて、だいたいお金がないころに買うから、次々と買ったあとのクルマと比較すれば、ボロなクルマなはずだ。あとのクルマのほうが印象に残ってよさそうなものだろう。だけれど、最初に買ったクルマの印象は鮮明に残っているし、愛車なはずだ。

クルマを持っていない人は、持っている人に聞いてみるといい。はじめて買ったクルマのうれしさ、楽しさは強烈に残るものなんだ。会社だって同じだ。たとえ、あれこれ不満だらけの会社でも、最初に入る会社への思い入れはとても大きいものなんだ。

だから、「なんでも、一番最初のものが肝心。大事にしないといけない」と、俺はいつもいうんだ。これはあらゆることの基本だよ。これだけは頭に入れておいてほしい。

そうしないと、「一生フーテンになってしまう」。仕事でも、あっちにふらふら、こっちにふらふらと腰が定まらないから、いつまでたっても成功できないんだ。

でも、職人の世界では「渡り職人」という言葉があるじゃないか？　そう、聞く人がいるはずだ。確かに職人は、腕を磨くために積極的に職場を変わってきた。それは当たり前だった。「ばかだからずっといるんだ。利口なやつはどんどん移って修業するんだ」といわれてきた。

しかし、職人の世界でも、いまは逆なんだ。いまは職人の世界でも、重要な技術上の秘密がいっぱいあるわけだ。そうなると、次々仕事を移っている職人は「あいつはダメだ、信用ならない。うちの秘密をよそにばらしてしまうから」となってしまう。

人間、ひとつのものをずっとやっていけるのが一番幸せだ。そうしないと成功しない。なまじ、学問がある人は「これを捨てたって、あれでメシを喰える」とか考えてころころ転職するんだろうが、それはだめだ。「俺はこれしかないんだ。これから離れたらだめなんだ」と考えて生活したほうが、成功する。

俺の場合、この考えは20歳より前にたたき込まれた。地元に落語家の卵とか漫才師とか、絵描きとかがいっぱいいた。そういうおじさんたちと将棋したりしながら話して、そういうことを教わった。

ラジオを聞きながら深夜の納品

はじめて、金型ではなくプレス加工で製品をつくり始めたのが、1970（昭和45）年のことだ。府中のミツミ電機から受注したコイルケースの仕事だった。ケースの四角の筒に穴を開けるものだ。通常だと四つの工程が必要で、四つの機械と操作する人手がかかる。これを1度のプレスで同時に四つの穴が開く自動化機械をつくることで、こなすことができた。

ラジオに使われている中間周波トランスという雑音を消す装置のプレスも請け負ったんだ。納品は府中まで週に2、3回はクルマに乗せていった。クルマはクラウンに乗れるようになったころのことだ。

いつも、午前12時に工場を出発するんだ。いまと違って、あのころ、深夜の12時に起きている人なんてほとんどいなかったな。よく覚えているのは、午前12時にFMラジオから流れる城達也の「ジェットストリーム」を聞きながらクルマを走らせたことだ。あの番組がほんとうに好きだったね。

うちの女房を隣に乗せて眠いのをがまんして出発するだろう。工場のある東向島を出て、新宿の大ガードをくぐって甲州街道に入るんだけれど、なにしろ、当時は好景気のまっただ中だったから、新宿のあの辺りは、キャバレー帰りの社用族の男たちで猛烈にごったがえしていた。タクシーでものすごい大渋滞なんだ。抜けるだけでほんとうに一苦労だった。

甲州街道で府中に向かうんだが、それから2年前の1968（昭和43）年に3億円事件が起きた、あの府中刑務所の脇の道をクルマで走らせていく。そして納品をすませると、また家にクルマで戻るわけだ。

その帰りの時間帯でよく覚えているのが、深夜ラジオ放送で流れていたキンキンの「パックインミュージック」という番組だ。あの愛川欽也がまだ有名じゃなかったころだったと思う。2時ごろだったかな、もう色気話専門の放送なんだ。

それを聞きながら帰ってくると、腹が減っているから、浅草あたりで餃子とかラーメンを食べて戻ってくる。浅草のラーメン屋だってその時間で満員だったんだから、いかに景気がよかったかわかるってものだ。

そして家につくと、3時間寝たら、起きてもう6時から仕事を始めた。女房は朝、子どもたちを学校に送り出さなきゃならない。2人とも3時間しか寝られない生活が10年近くも続いたね。

向島の地場産業の金型とプレス

俺の仕事には昔から図面なんかない。お得意さんが見本を持ってきて「こういうものをつくってくれないか」と依頼してくるわけだ。親父の時代からそうなんだ。

親父のころから、この辺の向島の地場産業といえば、口紅のケース、ライター、文房具の三つが中心だった。文房具は筆箱や下敷き、シャープペン、ボールペン、鉛筆のキャップなどだ。それから消しゴムが先についた鉛筆の金具の部分もこの辺でつくっていたものだ。

口紅のケースというのは、この周辺地域にかつて鐘紡や資生堂などの大手化粧品会社があったことからきている。

口紅のケース、ライターの場合は「深絞り」というプレス加工の技術でつくるんだ。

深絞りというのは、一枚の金属板を5～12工程の段階を経て、徐々に封筒とか箱形に変えていくものだ。親父はこうした深絞りのための金型をつくっていたんだ。親父のこの技術の腕は近所でも評判だった。

これは深絞りではないが、昔のキューピーの人形って知っているかい？　あれはセルロイドでできているんだけれど、あれも金型でつくったものだ。プラスチックが出てくるまではみんなそうだったんだ。俺も親父がその金型をつくるのを、「こうやってつくるんだ」と思って見ていたものだ。

俺の子どものころから、近所では夫婦だけの町工場なんかがいっぱいあって、プレス加工でそうした製品をつくっていた。

キューピーの人形なら、キューピーの上下の金型にセルロイドの板を挟む。それをプレスの段階で熱して、空気を入れるとふくらむ。これを水を入れた大きな桶に入れて冷やす。そして金型をはがすと、キューピー人形のできあがりだ。一回で6個ぐらいできる。石けんケースなどもセルロイド製だった。

セルロイドは戦前から戦後まで、オモチャや文房具、でんでん太鼓といった縁起物などで一世を風靡したものだ。ただ、引火しやすい欠点があって、合成樹脂のプラスチックが出てきて取って代わられていった。

本当にあらゆるものをつくっていた。いま、そのころの工程を展示会でもやったら、「ああ、こうやってできるんだ！」とみんなびっくりするだろうね。とにかく、面白い世界なんだから。

1枚の平らな板を加工する技術

世の中が高度成長になって、だんだんライターでも口紅でも高級品がもてはやされるようになった。高級な雑貨だ。1972（昭和47）年ごろだったと思うけれど、俺もライターや口紅ケースを深絞りでつくっていた。金型をつくり、プレス加工までしたわけだ。

口紅ケースは日本のメーカーだけでなく、ヨーロッパの有名化粧品メーカーからも依頼がきた。複雑なデザインの凝った金属製ケースをつくったね。資生堂に納めた品物なんて、彫金屋さんが彫ったデザインを金型に組み込んで、それをプレスでつくる。まさに、究極の雑貨だ。だからこそ、このローテクがあとで生きてきた。

ライターはステンレスでケースをつくるのがむずかしかった。これを深絞りの技術でつくるんだ。とくに304という硬いステンレスを使ってケースをつくったのはうちだ

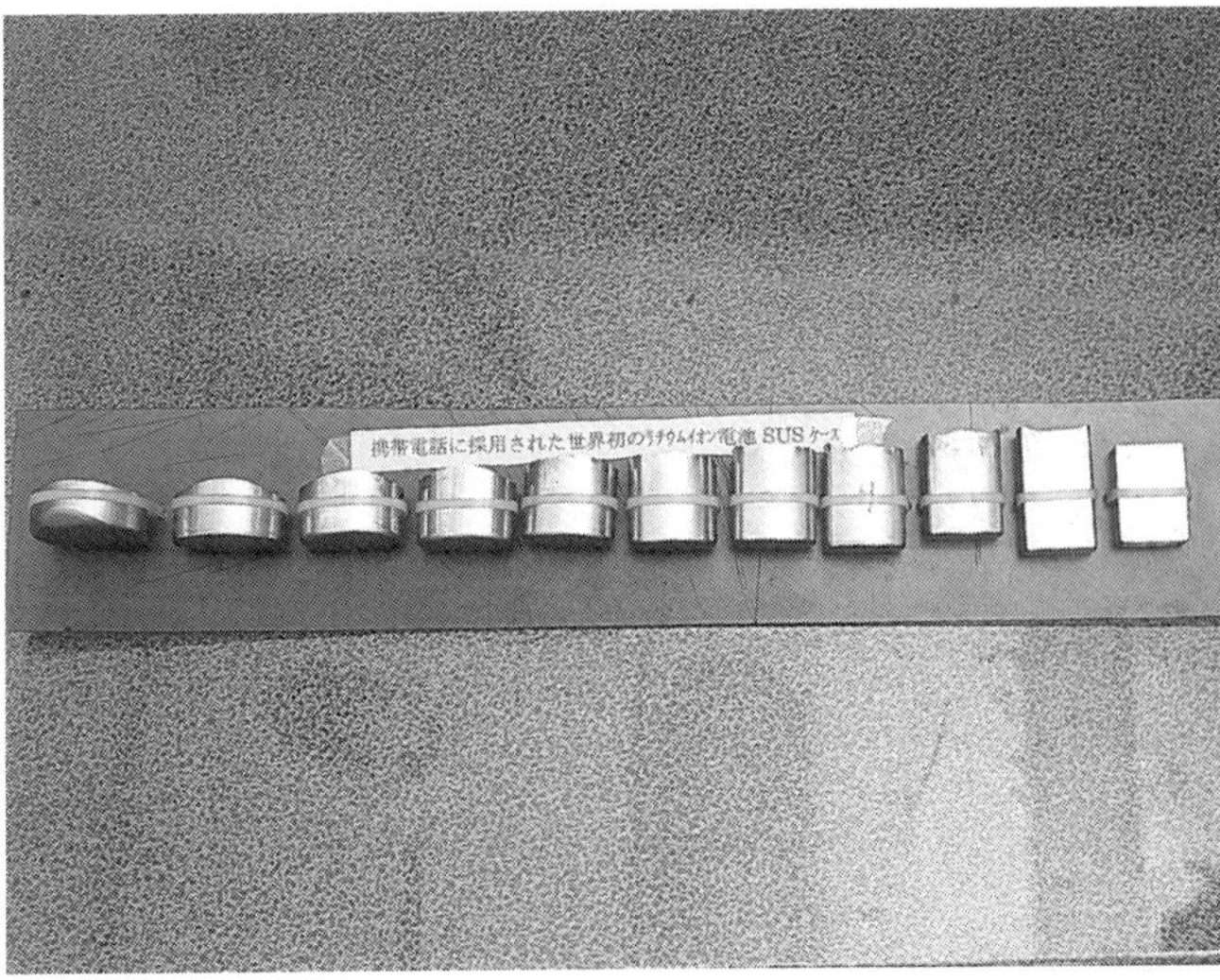

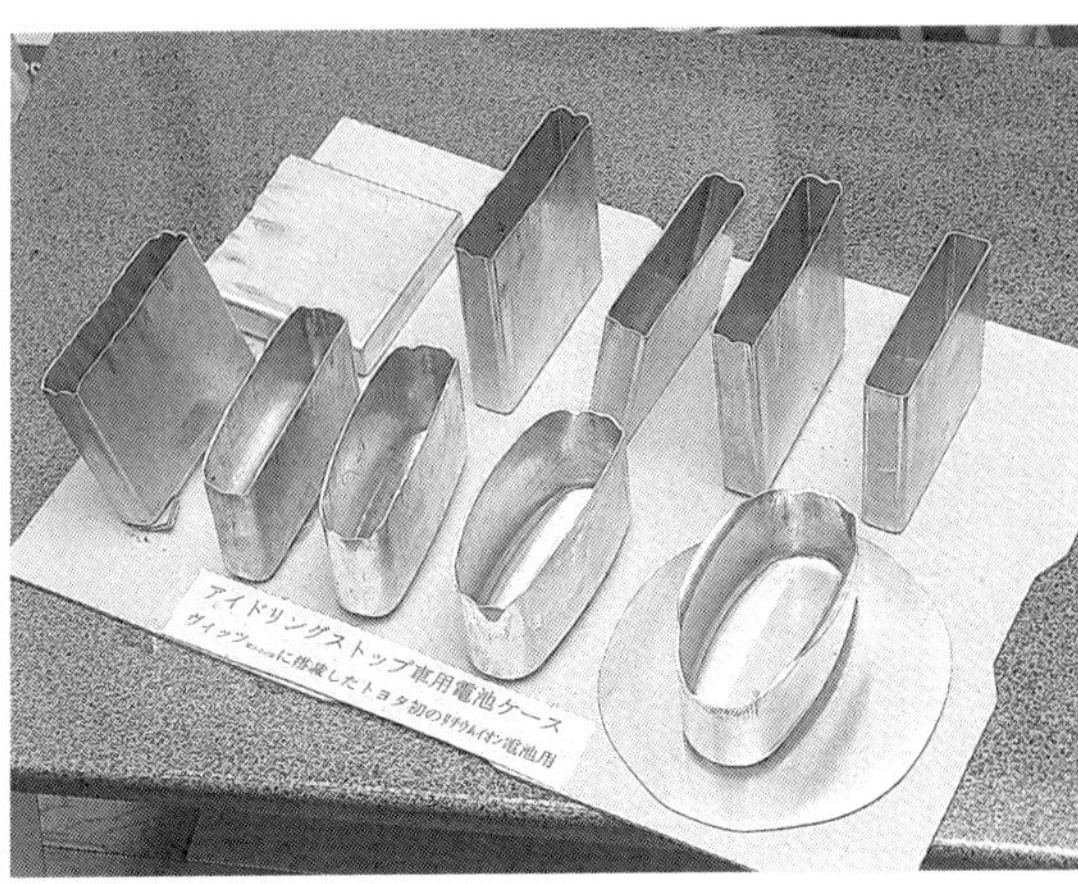

写真上・携帯電話用の世界初のリチウムイオン電池ケース
（作業工程見本）
写真下・アイドリングストップ車のリチウムイオン電池ケース（同上）

けだった。1枚の平らなステンレス板をいくつもの工程をかけて、徐々に押し込んで加工し、底の深いケースに加工していくんだ。

深絞りでも、円筒形ならやりやすい。むずかしいのは四角形だ。たとえば、ジッポーのライターの四角形のステンレスケースなんかそうだ。深絞りで圧力をかけるとケースの四隅が割れやすい。これを失敗を重ねながら金型をつくって、ついに成功した。深絞りだから、溶接での接着は一切ない。液漏れなんかしないわけだ。そしてのちのちこの技術が生きることになった。

親父の「技術には流行りすたりがある。いつかまた役に立つときがくるから、昔の金型は絶対に捨てるな」という言葉どおりにしたことが、大きな飛躍の元になったんだ。

賞の受賞をみんなが祝ってくれる

2004（平成16）年11月3日に旭日隻光賞を受賞したことを、向島更正小学校の同窓生のみんながお祝いに招待してくれることになった。

「そんなことしなくてもいいよ」っていったんだけれどね。なにしろ、勉強なんかしない俺は、クラスの最下位の部類だった。そんな俺がお祝いされる立場になれたのは、それはありがたいことではあるんだ。同窓会は毎年やっている。やはり、墨田区や周辺に住んでいる人が多い。

だけど、現役で仕事をしているのは俺ぐらいなんだ。会社をやめて引退しているという、そんな人間ばかりだ。俺もみんなも、70代なんだからね。

俺も若いときは無茶もしたし、遊びまくりもした。でも、いまさんざん、テレビやラジオや雑誌に出ても、中傷の電話が入ることはない。

世の中で成功している人のなかには、過去に「お金を踏み倒して逃げた」とか、「どこの女を孕ませて逃げた」なんて人がいっぱいいる。そういう人たちは出たくたって出られない。「いったい、お金をどうしてくれるんだ」「あたしをどうしてくれる」とたちまちいわれてしまうから。

俺は、そんなことは一切ないから平気なんだ。出演することになったあるテレビ局の人に聞かれたんだ。「岡野さん、大丈夫ですか?」とね。俺は遊んではいても、ほっかむりして逃げてしまうなんてことはしていない。

きちんと「現金決済しないと、だめなんだ」というのを、玉の井の世界のお姐さん、お兄さんから勉強してきている。逃げたって、あとまでついてくる。

賞だって、きちんとして身ぎれいでないともらったりできない。俺はわざといいかげんなように見せている。それはわかっている人は、みんなわかっている。世の中には不良に見えていて、それでいいんだ。本当は真面目なんだ。けれど、真面目に見られたくないんだ。わざとでもいいから、不良っぽく見せてしまう。「俺は真面目な人間なんだ」なんて、そんなことはいいたくないからね。

それに俺は「他人のマネをするのは人間のくずだ」といつもいっている。しゃべらないで「出る杭」にならなけりゃ、人は真面目にみられたままですむ。変わった人とも思われない。でも、そういう生き方はつまらないだろう。

型にはまっていたら、人間はだめだ。いつも、人と違うことをやる。人と違うことに挑戦する。そうでなくちゃ、だめだ。

情報もお金と同じ、タネ銭があるとどんどん飛び込んでくる

昔からつき合いのある会社の人間の話だ。「ある有名メーカーが新しい機械の導入を検討している。そこにいってうちの機械のよさを話してくれ」っていうんだ。俺はよいしょでほめるなんてできない。ダメなものなら徹底的にけなす。本当によい機械なら、いいという。だから、簡単に「そうかい、いいよ」なんていえるわけがないだろう。何

百億円につながるかもしれない商売があったりするんだからね。

それはともかく、いまはどんな世界でも競争が激しい。まさに、世の中は商売でみんながしのぎを削っているんだ。俺もいろいろな仕事をやっているから、あらゆる話や情報が飛び交ってくる。情報もお金と同じ性格をしているものなんだ。

お金というのは、小さな額だけ持っていてもなかなか貯まっていかないものだ。それがちょっと大きな額になってくると、どんどんたまっていく。「タネ銭」という言葉があるけれど、そういうものだ。

タネとは、植物のあの種と同じだ。種を蒔いても小さなうちは守ってやらないと枯れてしまう。それが少しだけ成長して大きくなると、あとは自分の力でぐんぐん成長していくだろう?

お金も同じで、少しまとまった塊の「タネ銭」になってこそ、お金がお金を呼ぶように集まってくるものだ。

元になるお金がいちばん大事なんだ。それがあるか、ないかが決め手となってくるんだ。これは理屈からきたものじゃない。

情報だってまったく同じ。なんにもない人、ただ通り一遍の情報しかない人には、情報も集まってこない。いわば、情報の「タネ銭」があってこそ、そこに集まってくるものなんだ。よくよく覚えておくといい。

昔は突拍子もない人間がいっぱいいたらしい

これは実際に見た人ではない。ずっとずっと昔の話だ。だけど、向島の花街で聞いた話だ。

あるとてつもない金持ちが花街の障子を次々に破っては、かわりにお札を貼っていったそうだ。節分の日は、紀伊国屋文左衛門の真似をして向島の半玉（芸者の見習い）を集め、豆のかわりに金を撒き、口で拾わせたりもしたらしい。

でも、その人のすごいのは、ただそれだけじゃないことだ。中国の孫文が日本にきていたとき、孫文の中国革命の夢に共鳴して、10万円（今の価値で10億円程度）のお金をポンとあげたそうだ。

口でいうのは簡単だけれど、できるかいそんなこと？　この人は最後には事業に失敗して、無一文になってさびしく借家で死んだというけれど、ここまで突拍子もなく生きられたなら、それで十分というものだ。

世の中にはすごい人がいるものだと思う。もう道楽とかなんとかいう範疇を超えている。死んでまで金を持って行こうなんてみみっちいことは考えなかった。生きている間に全部使ってしまった。そんな桁違いな人が昔は日本にいっぱいいたそうだ。

いまのようになんでも中流、中程度っていうのもつまらないものだ。まあ、世の中が変わったんだから、しかたがないかもしれない。

手の爪がセンサーのかわり

俺はそそっかしいから、少々のケガなんかはいっぱいしている。だからこそ、手の爪は切らないで伸ばしているんだ。ちょっとでも触れたら危険を察知できるからなんだ。センサーのかわりというわけだ。

それでも事故はある。10年ぐらい前のことだ。試しの作業をやっていて、鉄の金型がぱっと折れて飛んできたことがあった。その鉄の破片が目の下に入ってしまったんだ。救急車で運ばれて、病院で傷口を縫われた。そしてそのあとレントゲンで見たら、まだ鉄の破片が目の下に入ったままなんで、先生がびっくりしてしまって、また救急車である大学病院に運ばれた。

そのうち、ベッドに外科、整形外科といろいろな先生がきたんだけれど、みんな「お手上げ」だというんだ。最後に若い先生が「じゃあ、僕がやります」と手術をしてくれた。

ところが、入り込んでいる場所が脳に近いから、「麻酔はかけられない」という。その痛いの痛くないのといったらね、いい表せない。もう、ちょっとずれたら眼球にぶつかってしまったそうだ。ずれていたから、取り出して回復できたんだ。本当に運がよかった。

運がいいからこれまでやってこれたんだ。危機一髪のところばかりで助かってきたんだから。

この間も、腸の憩室《けいしつ》という聞き慣れない部分が、突然に破れて出血してしまった。この憩室って、年をとると3人に1人ぐらいの割合でごくふつうに腸にあるものらしい。そのままならなんということもなく一生送れるものなのに、俺の場合、突然出血して、血が止まらなくなってしまった。それで救急車でかつぎこまれた。

すぐに命にかかわるから、日曜日なのに緊急手術になった。本当に死ぬ一歩手前ばかり経てきているんだ。ともかく、この憩室がある人は注意しておいたほうがいい。

そのほか、尿道結石もやった。これも本当に痛い病気なんだ。これは薬で流すことができたから、これはいいほうだった。「運」というのも、人生の大きな要素なのかもし

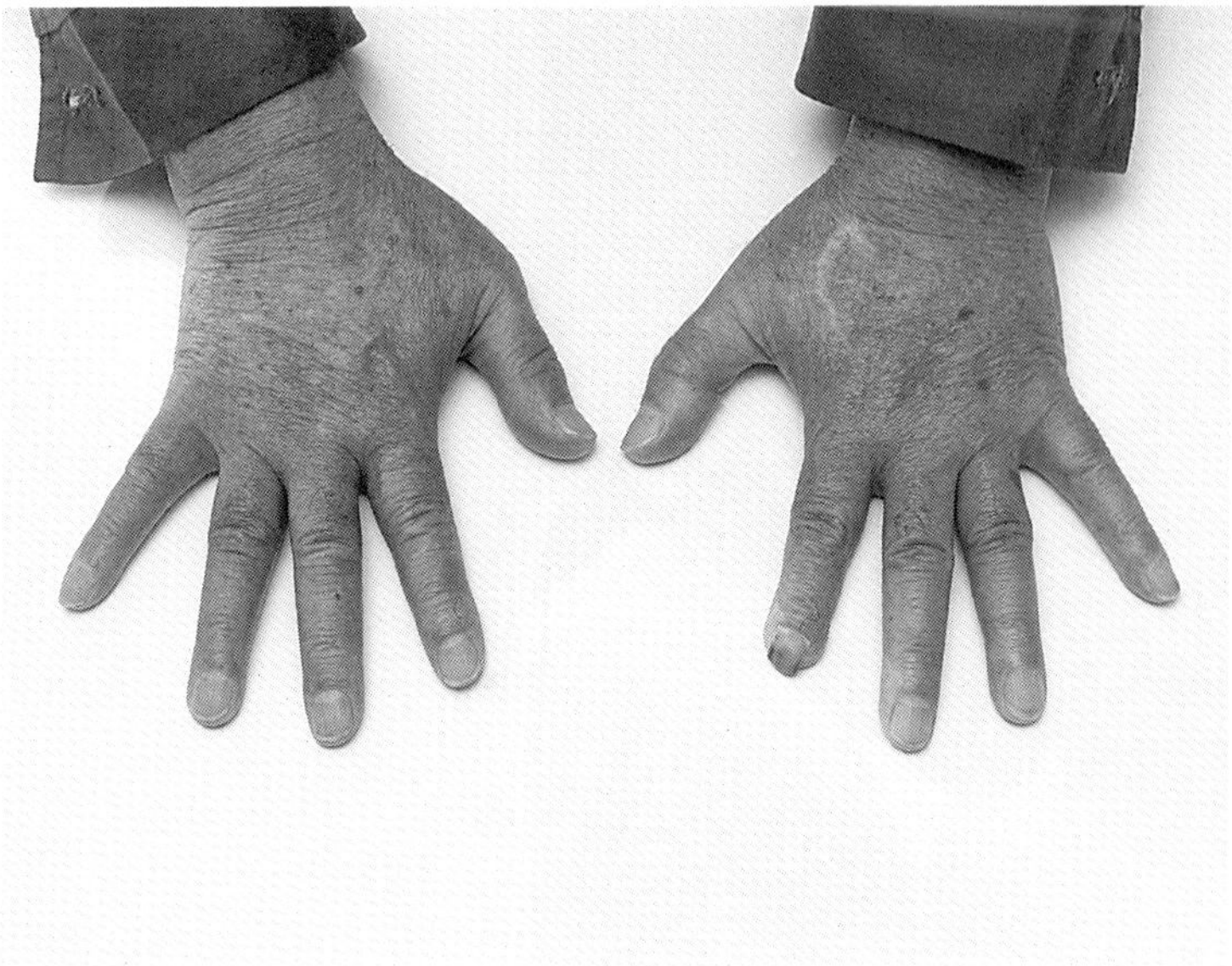

数々の「できっこない」を覆してきた手。左手の
人指し指の爪が危険を察知するセンサーがわり

れない。つくづくそう思うね。

第8章

とんちの利いた会話、人の話をじっくり聞くことを心がける

目のつけどころがいい外国人記者

先日、イギリスの公共放送「ＢＢＣ」が取材したいといってきたんだ。「うちの会社はそちらがそんなに期待して見にくるような会社じゃないんだよ。それに取材といったって、なかには見せられないものもあるんだ。それだけは覚悟してくれよ」といったら、「わかっています」っていうんだ。「世界のＢＢＣ」っていわれているそうだね。とにかく、１日中取材させてくれ、ということだ。

それから、外国の財団法人から取材がきた。取材するのはニューズウィークの記者だそうだ。世界中のオピニオンリーダーに送る雑誌だという。表紙は俺の写真を使うそうだ。口の悪い友だちには、「いよいよ、あちこちで立ち小便なんかできないね」といわれたよ。

俺は数年の間に「ノーベル賞を取る！」って、そう宣言しているんだから、「載るならそれもいいか」というところだ。別に仕事的にはコマーシャルなんかしてもらう必要はないんだけれどね。仕事はしっかり、やっているんだから。でも、「世界に報道したい」とくれば、それは「そうか」と応ずるしかないだろう。

２００４（平成16）年は月刊『文藝春秋』のモノクログラビア「日本の顔」にも掲載された。あれに出るぐらいになれば、そのときの「話題の人間」なんだそうだから、これは、少々は自慢に思ってもいいのかもしれない。

同じ、２００４（平成16）年『ニューズウィーク日本版（10／20号）』の「世界が尊敬する日本人１００人」という特集にも「匠の金属プレス加工：岡野雅行」という紹介で掲載された。そのキャッチコピーは「尊敬を受けている日本人はイチローだけではない」というんだ。やっぱり、外国人の記者の目のつけどころは、なかなかたいしたものだ。世界はきちんと見ているんだね。

それから、今度は落語家の立川志の輔さんとラジオで対談することになっている。この間、その志の輔さんが、ＮＨＫの「試してガッテン」という番組の終わりに「すごい注射針ができた」と紹介してくれたらしい。見ていないんだけれど、知り合いがそういっていた。

それで今度、志の輔さんに会うときに、なにから話し出そうかといま、考えているところだ。あの吉原へ通う若旦那のとんち話からしようかな、と思う。最初からふんどし一丁になっていて、駕籠を開けたおいはぎが「もう、やられたか」ってあれだ。あの落語のとんちがあらゆることに通じる世渡りのセンス、知恵じゃないかと思うからね。

いつも、こういうときはどうしようか、ああいうときはどういう運びにしたらいいか、そう頭を巡らすことが身についているんだ。落語の若旦那のとんちというか知恵が好きなのもそのためだ。だって、玉の井で教わったのは、そういう学校では学べない生きるための知恵だったんだからね。

石原慎太郎都知事とはウマが合う

なるだけ、色っぽい話をしたいと思っていた。玉の井だって吉原だっていい。なにしろ、石原慎太郎都知事は文学者なんだから、それはわかってくれるだろう、とね。東京MXテレビの「東京の窓から」という番組だ。「誰にもできない仕事をする」というタイトルだった。

「人よんで世界一の職人」「町工場のマエストロ」なんて俺の紹介から始まったけれど、まずは、生まれ育った向島のことを話した。玉の井の雰囲気は子どもも心にもすごい魅力だった、生き方はすべて玉の井から教わった、と話したよ。石原さんも「岡野さんは、いなせ。江戸っ子だ」、「岡野さんの話を聞いているとなつかしい。楽しい」といってくれた。「肝胆相照らす仲」とまでいってくれたんだ。

石原さんと俺は同じ歳。それだけじゃなくて、とにかくウマが合う。「俺は本当についている。こうして石原さんと話ができるなんて奇跡のようなことがあるんだから」といった。お世辞じゃない、本当の心からの気持ち。自然に出た言葉だ。

石原さんの目の前で、テルモの注射針を実際に自分の腕に刺して「痛くない」というのを見せた。今後も、輸血用の注射針など、「さらに痛くない」針を開発中なことを話しもした。依頼されたことをする俺は「発明家じゃない」といったんだけど、石原さんは「すべての発明家は職人ですよ」といってくれた。

それから、俺がずっと「変わり者、変人」といわれてきたこと、人になんといわれようと、「自分を信じて人と違う道を行けばいい」と話した。「企業のなかでは感性のあるやつは浮いてしまう、使うならそういう変わり者こそ、引っ張ってきて使うべきなんだ」ともいった。

石原さんは「感性のないやつは発想力がない」、だけれど「組織はそうゆうイエスマンだけが残るようになっているんだ」と、自民党の話をしていた。

最後に「いま、新しくどんなものを手がけていますか？」と聞かれたから、開発した缶ビールのフタの話で終わったんだけれど、「もう終わりなの？」と俺はいったよ。あっという間で、ぜんぜん話し足らなかったからね。そういったら、石原さんは「今度、

第二回をやりましょう！」といってくれた。近々、きっとやることになるはずだ。

世の中には「頭がいい人間」と「利口な人間」がいる

世の中には「頭がいい人間」と「利口な人間」がいるんだ。俺は後者のほうだ。玉の井は「人間学」の宝庫だった。こちらが「付き人」みたいにしているお兄さんが、ビールを飲んでいるとするね。そうしたら、ビールを飲み終わったら、いったいなにを欲するんだろう。それをつかんでいなければ、だめだ。「もってこいよ！」といわれてからもっていくようでは遅い。

それは仕事の世界とまったく相通じることだろう？　職人の親方が「あれをもってこい」っていってから、持って行くようでは遅いんだ。「あっ、この人はあれが欲しいんだな」ってつかまなくちゃだめなんだ。

テレビや映画なんかで、医者の手術シーンを見るだろう？　あれだっていわれてからやっと手術の道具を渡すようではだめなんだ。だから、「自分が一生懸命やっているのに評価されない」なんて嘆いている人は、少し自分の行動を思い返してみるといい。上司が「これが必要だ」と思っているものをぜんぜん気がつかないようでは、それは出世できないというものだ。

いまの若者はその感覚がまったくわからなかったりする。困ったものだ。それを身につけるには、遊んだほうがいい。頭でっかちで遊びを知らないやつ、遊びが足らないやつは仕事もできない。

男と女の関係だってそうだ。遊んでいない、遊びが足らない人間が結婚しても、長持ちしない。途中で空中分解して別れてしまうことになる。19、20歳で結婚しても、結婚が遊びになってしまう。

そのあと、60、70歳までいっしょに添いとげるなんて、なかなかできないだろう。途中で相手に飽きてしまうのがオチだ。

男と女の機微というものを知らないで結婚したら、そのうち相手に飽きて浮気に走るだろう。遊んでいない男女のほうが怖いと思うね。

人間の機微っていうのも、体験してこそつかめるというものだ。

別れは自然体で、決済は現金で

人間は男女でも、仕事でも、お得意さんでも、自然に離れて関係がなくなっていくのが一番いい。ケンカをして別れるのはいやなものだ。男女の仲だって、仕事の関係だって、ふったりふられたりすれば、心に傷が残るだろう。恨みつらみというものだ。そういうことは好きじゃない。なにごとも「現金決済」ですっきりといくのがいちばんいい。

現金決済といえば、だいぶん前の話だけれど、旧大蔵省のえらい役人が「ノーパンしゃぶしゃぶ」で接待されて、大問題になったことがあるだろう。東大出のエリートたちは、現金決済で自腹で遊んでこなかったから、あんなケチなワイロで遊んで恥を世間にさらすことになってしまった。そんな遊びに自分でお金を出すのは沽券《こけん》に関わるとでも考えたんだろう。

接待なら人の責任にしておけばいい。そんな考えだから、逆に大恥をかいてしまった。遊びぐらい自腹でするくらいの度量がないとだめだ。エリートゆえにそれができない。だいたい、女性問題で失敗する男は、遊びを知らないやつだ。遊びであれなにごとであれ、常に現金決済の心構えが大事なんだ。よく覚えておくといい。

チップは先に出すほうがいい

チップは最初に渡すほうがいい。先に決済だ。さんざん頼んであとでチップをあげるよりも、先のほうがずっとサービスをよくしてくれるものだ。先に払わなければ、相手は「くれるんだろうか？」「くれても少ししかくれないかもしれない」と疑心暗鬼になっているから、サービスに力が入らない。

払わないつもりなら別だ。チップを払うと決めているなら、先にあげなければだめだ。先に払えば、不安がないからきちんとサービスをしてくれる。チップが生活費になっているような外国もあるだろう？「もしかしたらコイツくれないじゃないか」と思ったらろくなサービスをしてくれやしない。

外国では、普通は「向こうのレートでチップを払ってください」といわれる。日本の100円が向こうの1000円なら、100円でいい。というわけだ。だが、俺はそれじゃ、ダメだ。俺は日本の気持ちとして日本のレートであげることにしている。当然、相手は大喜びしてしまう。向こうのレートであげたって、それは当たり前のお金をもらうだけだろう？　当たり前なんだから、うれしくない。俺はチップはしみったれちゃいけない、と思っている。

外国ではチップだって、命にかかわる場合だってあるぐらいなんだから。それと、1000円をしみったれたおかげで、あとで5万円損をさせられるなんて、よくあることだ。よくよく考えたほうがいい。

ついている人間と付き合うとついてくる

俺から離れていったやつはだいたいだめになっている。こんなことをいうと、「岡野のやつ、なんだ、自慢話をしやがって」と思われるかもしれない。自慢なんぞする気はさらさらないんだ。だけれど、俺から離れていったやつはだいたいがうまくいっていないのは事実なんだ。大会社だって例外じゃない。

俺から離れていった友人で、「岡野さん、成功しました！」といってきたやつは、まあ、いない。なぜかと考えると、人間というのは、ついているやつと付き合っていないといけない、ということだ。

ついていない人間と付き合っていると、自分までそのエネルギーに引っ張られて落ちてしまうものだ。

離れていった人間はいまごろ、くやしがっているんじゃないかな、「なんで岡野がこんなに注目されちゃうんだ？」とね。それは俺だって不思議なんだから、しょうがないけれど。

ただ、これだけはいえるだろう。ついている人間のエネルギーは素直に受け取ったほうがいい。ところが、人間というやつは、なぜか、それをひがんだり、ひきずりおろしてやろうとか、反対のほうにエネルギーを使いたがるものなんだ。

不思議なものだ。日本昔話ではないけれど、宝物を見つけていい調子の隣のじいさんを引き倒して、自分がその儲けをかすめ取ってやろうなんて考えると、ろくなことにならない。

いっちゃあなんだけど、俺だって、つきだけできたわけではない。努力というものがあるんだ。それを素直に受け取る人と、「なんだ、あいつは」とひがむタイプの人がいる。ひがむマイナスの気持ちはだいたい、いい結果をつくらないね。

自分からは人を切らなくなった

45歳から50歳ぐらいまでは、昔の俺は「野蛮人」なんだから、自分の気に入らないやつはばったばったと切り捨てていた。「お前なんか、くるな！」で終わりなんだから。

いいたいことをいって、自分の思うままに走ってきた。

だけれど、年を取ってくるとそんなことをやっていたら、しまいには周りに誰もいなくなってしまうだろう？　だんだん、みんな死んでいってしまうんだから。

それでなくても周りの友人、知人も少なくなってくるものだ。

だから、「これじゃいけない」と、俺も昔のように人を切って捨てることはなくなった。いや、少なくともそう心がけるようにしている。こちらから「くるな」とは強いていわない。ずいぶん我慢しているが、「いいや、そのうちわかるだろう」とね。

もちろん、「去る者は追わず」だが、こちらからはケンカをしない。だから、最近は「こんなことをあいつにいわないでおいてよかった」と思うことがずいぶんあるね。

昔はガチンコ勝負だった。自信満々で、なんでも「こうなものはこうなんだ」といってきた。いま、ごくごくたまに、まるで昔の自分を見るような青年に会うことがある。そんな人間には、「そこはそんな風にばかりしないで、こうしたら上手くいくよ」と思わずアドバイスしたくなる。自分はそれで失敗ばかりしてきた反省からなんだ。

「もちつもたれつ」という言葉の深さ

自分から人は切らないようにしているとはいっても、なんでも俺にぶらさがってくるだけの人は、俺はだめなんだ。重たくていやになってしまう。俺がなにを話しても、こちらにはなんにもよこさない、というかなんの反応もしない人がいるんだ。

「もちつもたれつ」という言葉があるだろう。たとえば、相手から五のなにかがきて、自分の力からは一しか返せない。それなら、その一でいいから、返す気持ちが大事なんだ。その人のもっている違う世界の一なら、たとえば、自分のもっていない情報なら、一でも十分に価値がある。結果として、「もちつもたれつ」になっている。

情報といったって、「すごい秘密を出せ」といっているんじゃない。自分の知らない情報なら、なんだって価値がある。「今日の新聞にこんな面白い話が載っていましたよ」でも、「こんなおいしい店があった」でもなんでもいい。それを出せるのが、人間として大切な反応力だと思う。

俺は俺の世界では誰にも負けない、日本一のものができると思っている。だから、ほかの世界のことはできなくても恥とは思わない。なんでもかんでも、自分でやろうとは思わないから。だからこそ、別の世界のことはフェアに素直に聞く人間のつもりだ。

人と人とはかけ算なんだ。ゼロの人とはいくらかけ算したって、ゼロのままだ。願い下げにしてもらいたくなる。

ただ、すーっと空気みたいに人の言葉を聞いている人というは、反応力がないんだね。相手から五がきたら、自分もせめて一を、できれば二を出せたら、2人で一〇の価値を生んだことになる。それは二人の共有財産だろう?

その原理がわからないで、人からはもらっておくけれど、自分のものは出したら損なんて考えだと、結局自分の財産も増えていかない。「義理」を欠いているんだからね。「義理と人情」なんていうと、古いと勘違いする人がいる。本当はとてつもなく深い言葉なんだ。

「盆と暮れ」の贈答だって伊達にあるわけがない

大会社のサラリーマンの重役などは、盆暮れのお中元、お歳暮なんか、いくらでももらい慣れてしまって、礼状のひとつも出さない人があるらしいね。「もらってあたりまえ」の感覚になってしまっているんだろう。

盆暮れの贈答は感謝の心からきているものだ。100も200ももらう人には慣れっこかもしれないが、そうでない人なら、誰しももらったらうれしいものだ。なにより、送ってくれる人の感謝の気持ちがうれしいわけだ。

恥ずかしいことでもなんでもないから、自分の例で話をしよう。うちの次女は学生時代からスチュワーデスになりたくて、一生懸命英語を習っていたんだ。それで就職のときに、俺の知り合いに航空会社の幹部の方がいた。いまでもお付き合いをしている方なんだけれども、俺はその方にひとつのお願いをした。

「就職試験に応募をして、書類選考の段階で落とされてしまうほど残念なことはない。だから、書類選考だけは面倒をみてください。そのあとの面接試験は本人の実力次第なんだから、それで落とされてもそれはやむを得ないことです」と頼んだ。面接から先は、きちんと英語力があるかどうか、といった実力の世界だ。ただ、面接や試験の舞台にあがらせてほしい、それからは本人次第だとね。

結果として、娘はスチュワーデスになることができた。娘が会社を退職して結婚したいまも、その方には、盆暮れには贈り物を贈っている。俺は恩になった人は絶対に忘れない。うちの女房もそうだ。たとえ俺がうっかりど忘れしたって、女房がちゃんとやってくれる。心からの感謝の気持ちからなんだ。「受かってしまったら、そのあとは知らん顔」、これじゃ、だめだ。

これは商売でもなんでも同じ。一回利用しちゃったんだからもういいんだ、そのあとは知らんぷり。そんな態度ではぜんぜんだめだ。結果の利益を取っているんだから、あとはどうでもいいやと思う人もいるだろう。

若い人などは、これが一見合理的でいいように感じるかもしれない。ところが、これが大いなる勘違いなんだな。

そんなことをすると相手はもう、二度と本気で動いてくれなくなる。都合のよいときだけ、調子よく頭を下げるだけの人間だとわかってしまうからだ。結局は、小さな得を得た替わりに、信用というもっとも大切なものを失う、大損をしたことになる。そんな人間は落ちていくだけだ。よく覚えておくといい。

間に入った会社を蹴飛ばすと元も子もなくなる

ある会社が別の会社と取引するとする。そのときに、間に仲介する会社や人が入っていることが多い。すると、だいたいの会社は自分で直接取引したいと思うんだ。一切自分で取引して間には誰も入れたくない。実はこれが一番だめなパターンなんだ。手数料を払っても間に人に入ってもらうほうが本当はずっといいのに、それがわからない会社や人が多いんだね。

間に入った人（会社）にデリバリー（配送、受け渡し）やさまざまなことを全部やってもらうと、心おきなく100％仕事に専念できる。こっちのほうがはるかにいいパターンなのに、たいがいの人や会社はそれを知らないんだ。それで一刻も早く直接取り引きしようと裏で画策したりする。

そんなことをして結局、仕事を失うハメになってしまう。そうじゃないんだ。逆に商社などに手数料を払って「悪いけれど、間に入ってくださ い」と頼むと、仕事は必ずずっと続いていく。間に入った会社は仕事がうまく継続するように、いろいろなことをやってくれる。これが一番大事なんだ。

なんでもかんでも自分でやろうとしたって絶対にできるわけがない。たとえばわれわれみたいな町工場が、いちいちそのつどネクタイを締めて、名古屋だ大阪だと行けるわけがない。それだけで1日使ってしまう。それなのに手数料がもったいないと仲介を飛ばそうとするから、逆に元も子もなくなってしまうんだ。

仕事をやるのなら、これだけはよくよく覚えておくといい。

社長じゃなくて代表社員なら収まりがいい

俺の名刺の肩書きは「岡野工業株式会社　代表社員」となっている。なんで「代表社員」かって？　うちの会社は俺と経理担当の女房を含めてたった6人の会社なんだから、「社長」なんて名乗るのはおこがましくていけない。昔風にいえば「親方」ってところだ。

あえていえば、こんなことがあったからだ。20年以上前の話だけれど、俺が群馬県の得意先に金型を納品に行ったときのことだ。納品が夜遅くになってしまったため、注文した会社の社長の自宅に行ったら、その奥さんが「主人は近くの寿司屋にいます」というんだ。

そこで、その寿司屋の戸を開けると「社長いる?」と俺はきいたんだ。そうしたら、カウンターの客がいっせいに振り向いたわけなんだ。寿司屋の常連なんて、たいがいが社長なんだな。たとえ、会社が小さくたってみんな社長だ。

そんなふうにみんなといっしょに振り向くのは、俺はいやだ。人と同じなのが大嫌いなんだから。それで「代表社員」と名乗ることにしたってわけだ。「社長」と呼ばれても見向きもしなくてもすむ。

それに、俺は職人兼営業兼経営者だから、実にぴったりの名前だろう? 収まりがよくっていいんだ。

一人前になるまで辛抱が必要なんだ

職人は一人前になるのに15年以上はかかるものだ。金型屋なんて、それ以上かかる。

20年やってもこれでいいということはない。それまでは辛抱しなくちゃいけない。しかし、いまの人はその辛抱ができない。また、会社の側もまたその辛抱ができない。長い目で見て社員を育てることができないんだ。

もっとも、俺の親父の時代は、職人が見習いで入るときは親が1年分の米をもたせたものだ。なにもできない人間を育てるというのは、それぐらいのことなんだ。いまはそんなことはないわけだ。会社側は給料を払いながら、ゼロから人を育てるような金銭的な余裕がなくなっている。

俺が35年以上前から通っている天ぷら屋がある。銀座の天一という老舗だ。そこの天ぷらの職人は、客の目の前で旬の食材を揚げてくれるんだけれど、そうなる前に15年以上はかかるそうだ。それでもまだまだ、だという。金型屋と同じだ。「これでいい」なんていう終わりはないんだ。

本物の職人というのは、どんな職種だって、そういうものなんだ。促成栽培で「さあ、できた」というわけにはいかない。

金型屋、プレス加工の職人は、新しい技術を研究して身につけていかないとだめだ。どう持っているものだけでずっといけるというのは、大まちがいなんだ。会社が倒産だ、どこも雇ってくれない、なんてことのないように、職人は日々、感性を養い、技術を磨くことが大切なんだ。

俺は「職人はセミと同じだ。成虫になるにはものすごい時間がかかるんだ、途中であきらめるな」といいたい。

そのかわり、手に職をつければ、職人に定年はない。自分が磨いた腕で食っていけるんだ。俺はいま、73歳だ。大会社の社長だって引退の年だろうが、職人だからこそ、バリバリ仕事がやっていける。辛抱してコツコツやってきたことは無駄にはならない。職人で悩んでいる人は、そこを考えたらいい。

いつも明日のことが頭から離れない

人には呑気というか、好き放題に見えるかもしれないけれども、俺はいつも、絶えず「明日は講演だな」「明日は打ち合わせだな」というのが頭にあるんだ。だから、野放図に遊べない。風邪をひいたらたいへんだ、何かあったらたいへんだ、と心配してしまう。風邪をひいたら声が出ないから、講演で申しわけないことになる。

仕事が面白いからできないけれど、いまだってぽっとどこかに飛んでいって2、3日帰ってきたくない。うちの女房が「どこへ行ったかわかりません」なんて答えてね。俺だってそんなことをしてみたいと思う。だけど、それができない。

いまは、講演先がどんなに遠くたって、日帰りで帰ってくる。北海道だってそうだ。先日も諏訪で講演してホテルもとってもらっているのに、タクシーで帰ってきてしまった。タクシー代が8万円もかかった。

講演は夜の10時半に終わったんだけれど、そのあとはホテルでやることがなにもない。だったら帰ったほうがよほどいいと、帰ってしまった。高速道が空いていて、2時間でついてしまったね。

2006年１月18日、注射針の製造工程などを見学
に岡野工業を訪れた小泉首相と工場前で
（関谷智幸撮影）

第9章

金儲けはわるくない、ただし守るべきルールがある

どんなことでもホウレンソウが決め手

先日、朝日新聞の記者が取材してきて記事になった。その記者もたいしたものだ。絶えず、「これを書いて社内で評判になっています」とか、「いま岡野さんの件でこうなっていて、また、次に載りますよ」という連絡と、フォローをしてくれるんだ。記事になる前に2回ぐらい連絡がある。仕事をやりっぱなしにはしない。これは立派だね。

そのあとにきた読売新聞の記者の取材もたいしたものだった。あとでしっかりフォローがきたもののな。それぞれ仕事は忙しいんだろうが、きちんとしていた。なにごともあとのフォローが大事なんだからね。

日経BP社の記者なんか、酵素風呂にいっしょに入るわ、講演があるたびにいっしょについてくるんだから、これもたいしたものだ。

「仕事のホウレンソウ（報連相）」というんだそうだね。仕事には報告・連絡・相談が欠かせないというんだ。人間は、なまじ連絡して文句をいわれたり、クレームをつけられたりするぐらいなら、放っておいたほうが無難なんて思ったりしがちだ。記事にしたって、「あの記事はなんだ」とか「こうやってくれ」とか、あとでいわれたらたまらない。

放っておこう、なんてね。

だけれど、取材にかぎらず、それじゃあだめなんだ。「やぶ蛇だ」なんて思いがあっても、勇気をもって連絡することだ。たとえ、なにか問題が生じても、きちんと対応する人間は評価される。逃げてしまうやつは、なにをやってもだめだ。

立派な職人は世の中にいっぱいいる

世の中には、俺よりも立派な職人がいっぱいいるんだ。いい仕事をしているのに、その人たちのところに行かないで、なんで俺だけに取材がたくさんきてしまうのか。それは、だいたい職人は口べたで話さないからなんだ。黙っているから、記事にしようとしたって話が弾まない。記者に聞かれると、職人が「うん、そうだ」と答えるだけだと、記者は困ってしまうだろう。

俺は自分で営業して、自分で仕事をしてきたんだから、しゃべらないと話にならない。昔、うちの社員が「社長はおしゃべりだからな」なんていいやがったけれど、「ばかやろう。俺がしゃべらないで、俺とお前がただ黙っていたらどうするんだ。うちに仕事なんてこねえぞ！」っていってやったよ。

それほど、仕事には営業が大切なんだ。それは昔、いろいろな人とお付き合いして、かわいがってもらってきて、そのなかで学んできたことだ。相手と話しながら、相手の反応を見ながら、いろいろなことや情報を交換していくことで、仕事ってものは成りたっていくものなんだ。ただ黙っていてうまくいくなら、これほど楽なことはないが、そうは問屋がおろさない、というものだ。

これでいいってことはない、いつでも勉強だ

「もう、そろそろネタ切れだ」なんて思われてはダメだ。仕事を続けるかぎり、いつでも勉強したり、新しい情報を仕入れていなくてはいけない。それができなければ、ただのご隠居さんになってしまう。

俺は、知り合いの会社に「岡野さん、見にきてよ」なんていわれたら、一生懸命に見に行く。なるほど、この部分はこうやるのか、この作業はああやるのか、と見て勉強するわけだ。これが見たそのときにはなんの役にも立たないんだ。

ところが、3年、4年と経ってきて、「ああ、そうだ」、いま必要な技術は「あのときのあれだったんだ」という応用が生まれてくる。何年か前に見たことを応用する仕事に

必ず、出くわすものなんだ。

それから、カタログや専門雑誌を見るのも大好きだ。メカトロニクス（電子技術を応用した自動機械制御の分野）関係そのほかの雑誌などをさんざっぱら取り寄せて、目を通しているんだ。俺は自動機をこしらえるのが好きだから、常に「いま、どういう新製品があるんだろう？」と目を凝らしているわけだ。新製品がわかっていて、いま、どんな部品が開発されているかを知っていなければ、自分で組み立てられないだろう？ほかの機械を見ることで、自分のつくりたいイメージが浮かんできたりするんだ。

専門分野での世の中の動きをいち早く知りたいから、新しいカタログも絶えずいっぱい見ている。カタログを見ては、「これはこんな風に使えるんじゃないか？」などといつも頭を巡らせている。新聞は製品の広告はしっかり目を通している。最新の情報が大切なんだ。

結局、俺の場合はもう、仕事が趣味というか、楽しみになってしまっているんだ。だから、仕事の仲間でもゴルフに行っているんだけれど、俺は行きたいと思わない。ゴルフに行っても、途中になっている仕事のことが気になってちっとも楽しくないんだ。だから、ゴルフは行かないと決めている。１００％のめり込めなくては面白くないからね。それなら、仕事をしているほうが楽なんだ。

静かな時間はやっぱり大切だ

寝床に入ると、仕事のことを少し思い浮かべることもあるし、「あそこの食べ物がうまかったな」とかいろいろなことが頭に巡ってくる。まあ、そのうちに早く寝たいから寝てしまうんだ。

少し前までは、テープで落語を聞いたりとか、ラジオを聞いたりしてたけれど、最近はほとんど聞かなくなった。仕事のことから早く頭を切り離したい、仕事を忘れたいから、そうしていたんだけれど、いまはなんにも聞きたくない。静かなほうがいいという状態だ。

いま現在は、昼間にとにかく、人が押し寄せてくるんだ。俺は自分ひとりでいい思いをしようと思わないだろう？　来る人にはみんなに、教えられることは教える。秘密なこと以外は話して対応するように努めている。

そうしていると、相手だってちゃんとした人は情報をもらうだけではいけないと、自分もいろいろな話をしてくるわけだ。すごい情報が飛び交ったりもする。話の密度がめちゃくちゃに濃くなったりするだろう。

だから、寝るときだけが俺にとって貴重な静かな時間になった。前は朝の3時、4時にアイデアを思い浮かべたりしたけれどね。いまは少しお休みという状態だ。

金儲けの大切さを子どものうちから教えろ

なにか事件があると「金儲けが悪い」ようないわれ方をする。それは違うんだ。金儲けが悪いわけではない。むしろ問題は、まず、親が子どもにしっかりと、お金の大切さを教えていないことなんだ。そして、金儲けする前に「守らなければいけないこと」を、きちんと教育していないからだめなんだ。

だから、いきなりホリエモンのように、ルール違反をして儲けるほうにいってしまうんだ。俺の場合は特別な例かもしれないけれど、「なにをやってもいいが、人殺しとかっぱらいだけはするな」と最低限度の守るべきモラルをおふくろに教え込まれた。

いまの子どもたちは「世渡り」を教えられる機会がない。金儲けとなったら、もう、金儲けだけに走ってしまう。いわば「お金オタク」だ。自分の周りに成り立っていること、ルールはなにも教育されてこないんだ。ルールは親に教わるだけではない。友だちからも教わってきたんだ。友だちや先輩には、「子どものつくり方はこうだ」とかね、とても親には聞けないような世界を教わっていくものだ。

親から教わること、友だちや先輩から教わること、そんな大切な世界をすっ飛ばして、いきなり自分だけの金儲けの世界に入ってしまう。バランスもなにもあったものじゃない。

金儲けは重要なことだ。だからこそ、ルールもある。いまは、学校も家庭も金儲けのことなんか教えない時代になっている。金を稼ぐとか、儲けるとかを真剣に子どもに教えるのはどこか「いやしい」ような扱いさえある。そうかと思えば、いきなり「小学生のためのインターネット株式講座」なんかが開かれたりする。小学生に「貧乏父さんみたいにならないように、パソコンのクリックひとつで儲けましょう」って教えるのかい？ これでは、金儲けはまるで「オタッキー」な行為になってしまうだろう？

どうして、こんなに極端から極端に流れるんだろう。金を稼ぐことは、生きていくための基本だろう？ だからこそ、その先にもっと努力して「金を稼ぎたい」が自然と出てくる。金を稼ぐ中身を一生懸命に工夫すること、つまり「金儲け」が生まれるわけだ。ところがいま世の中の風潮は、苦労して儲けるんじゃなくて、できるだけ苦労しないで稼ぐことなんだ。

いまはものごと、ルールを教えてくれる、先輩とかおじいさんとかが周りにいないんだ。それは子どもにはとても不幸なことなんだ。

話は大きく飛ぶが勘弁してほしい。こんな例を話そう。俺が子どもころの話だ。

1954(昭和29)年ごろに流行った春日八郎の「お富さん」という歌謡曲がある。子どもでも誰でも意味もわからず口ずさんだ大ヒット曲だった。その歌を銭湯に行って、俺たち子どもが気持ちよさそうに「粋な黒塀　見越しの松に~」と歌っていた。するといきなり後ろからボコっとぶたれた。「この野郎、ガキがなにも知らねえで歌ってやがって」と70歳ぐらいのじいさんがぶってくるんだ。こっちも若いから「なにをしやがる」となるだろう。

すると、じいさんは、「この歌の意味を俺が教えてやるから」っていうんだ。「粋な黒塀　見越しの松」というのは、「お妾さん」の家のことなんだ。「粋な黒塀」といっても料亭のことじゃないんだぞ、と。日本橋の「玄冶店(げんやだな)」と呼ばれる妾宅が立ち並ぶ一角のことなんだそうだ。実はこの歌は大人の色恋沙汰を歌ったものなんだ。

そうか、それなら「ゆくゆくは粋な黒塀の家に行ってみたいもんだ」と思ったもんだけれど、こんなことはラジオもテレビも教えてくれないだろう。それでは意味も知らないで歌っているだけだろう。銭湯で裸で教わるような「人から人への世界」がどれだけ大切かわかる。いまはその世界が抜け落ちているんだよ。

ルールを守ればゴタゴタは起こらない

うちはお得意さんとも下請けさんとも、すべて透明性のある商売だ。隠しごとはしない。「これが売れた儲けは半分、半分でいきましょう」、あるいは「何パーセントはそちらにいく形でやりましょう」となる。下請けさんには、たとえば「これは1個100円でもらっているんだけれど、そちらが50円とか60円でやってくれるのなら、やりましょう。それでいやなら、ほかでやってもらいます」とやるわけだ。すべて、嘘はない。納得ずくで進めていく。

下請けさんとも、俺はおかしな腹の探り合いをしながら仕事なんかしたくないんだ。お互いにうちも儲かるし、相手も儲かる形で進めたい。100円を50円、60円というのは決して悪い額じゃないんだ。うちはそこで無理な利益を得ようとは思わないから、それでいい。

ただ、この100円というのはうちのブランドだからつく値段なんだ。そこがわからないと話がまとまらなくなる。メガネだって、ブランドものになれば高いだろう。なかにはそこが理解できない人がいる。このぐらいの原理がわからない人は、先々決して儲からないだろう。

ただ、世の中、どういうんだろうね。「妬み」「そねみ」というのがつきものなんだな。たとえば、うちと商売しているA業者がいるとしよう。その周りの別の業者は、自分は儲けと縁がないものだから、なんとかして付き合いのあるA業者の足を引っ張ろうとする。それが上手くいかなければ、今度はおかしな入れ知恵をしようとする。

「もっともらわないと損だ」とか、さらに「岡野を蹴飛ばしちゃって大メーカーに直接売ればいいんだよ」というわけだ。そこでA業者は「そうか、じゃあ、メーカーに100円ではなくて、80円でやります」と交渉すればいい、となるだろう。メーカーは20円安くできる、自分の会社は20円儲けが増える、これはいい作戦だとA業者は思うわけだ。

ところがどっこいなんだ。相手の大メーカーは甘くない。「岡野のブランドがないんだから、おたくは50円で、いや30円でやってくれ」ということになる。結局A業者は、うちとやっていたより安い値段で仕事をすることになってしまう。

そこからがさらに不思議なことが起こったりする。A業者はうちとやるより、ずっと損な商売になったのに、「大メーカーB相手の仕事だからいい」となるんだ。あまり儲からなくても世間的に見栄を張れるからいいというわけだ。

A業者は「岡野さんがやったんじゃない。うちが開発したんです」といってその仕事を受けてきただろう。すると、3年ぐらい経つと相手のメーカーはモデルチェンジをすることになる。「今度はこういうものを開発してくれ」とA業者に図面を見せる。A業者は自分で開発していないんだから、それができない。おまけに、メーカーは「なんだ、おたくは開発力がないんだ」と、30円だったものをさらに安くしてくるかもしれない。だから、A業者はたった3年やそこらの命で会社が潰れてしまうんだ。

若い人には狭い業界だけの世界の話に聞こえるかもしれないけれど、世の中はどこの業界だってだいたいこのパターンが多いはずだ。

俺にいわせれば、A業者は余計な頭を働かせないで俺と組んでいればよかった。俺についてくれば、「次はこれをやってくれ」と依頼したり、「これはこうやるんだ」と技術を教えたりするわけだ。そうすれば、その会社は技術をどんどん吸収して大きくなっていくものなんだ。

実はこんなこともある。うちが仕事でお世話になっていて、日ごろから感謝して、それに義理をつくしている相手があるとしよう。それがうちがどんどん伸びていくと、今度はそのお世話になった人のほうが焼き餅を焼いてしまうことがある。これまた、困ったものなんだ。つくづく人間の性（さが）なんだろう。

付け足しになるけれど、ひとつの知恵として教えておくと、われわれの業界であれ、飲食店やなんであれ、どんな仕事でもそうなんだけれど、独立してすぐは、すごく儲かるものなんだ。ところが、そのあとに必ずスランプがやってくる。それでドーンと落っこって潰れてしまうものなんだ。だから、持続できるかできないかは、そのときが勝負になる。

だから、少しぐらい儲かったからって天狗になってはだめなんだ。いろいろな先輩の知恵に耳を傾けるとか、儲かっているときこそ、逆のことを頭に入れて手を打っておくことだ。「儲ける」といったって、これほど、いろいろとあるものだ。よくよく覚えておいたほうがいい。

ひとつの仕事に特化せず挑戦するからいい

俺はいろいろな人と付き合って、「これもやりましょう、それもやりましょう」と数えたらきりがないほどの仕事を手がけてきた。ところが、よその会社は「うちはこの仕事しかやりません」と専門化、特化していってしまうんだ。

たとえば、うちに最初のＮＨＫの取材がきた１９８６（昭和61）年ごろがそうだ。その前の年までの好景気にわいていたときは、ほかのプレス屋や金型屋は目先のどんどん儲かるひとつの仕事に特化していったわけだ。ところが、一転して世の中が円高不況になったから、さあ困った。もう、対応できないんだ。大企業のほうでは日本では立ちいかないと、工場を海外に移転してしまう。そうなれば、その下請けだけで食っていた会社はどうなると思う？　いいときは猛烈に儲かるけれども、悪くなるとたちまち倒産してしまうんだ。

だから、その円高不況時代に「仕事が次々あってしょうがない」うちの会社に、「いったい、なぜなんだ？」とＮＨＫが取材がきたわけだけどね。

昔うちの親父がよく俺にいったものだ。「お前な、仕事は自然体なんだよ。つばめが帰れば、今度は雁が戻ってくる」ってね。つばめは夏鳥、雁は冬鳥だ。つまり、つばめだけに入れ込んでいても、つばめは秋にはいなくなってしまう。そして雁がやってくるけれど、それに対応できる仕事ができない、って親父はいうわけだ。

つばめに特化する会社にしてしまうと、雁がやってくる季節に対応するノウハウがないから、潰れてしまうんだ。リスクを分散しておけば、猛烈に儲からないかもしれないが、どんな時代になっても絶対大丈夫なんだ。

本来は儲かっているときこそ、その資金を別の分野につぎ込んでおけばいいのにそうしない会社が多い。その新しい分野が成長してきたころに、儲かっていた分野は不採算部門になる。そうやっていつも、新しい分野を開拓しながら、リスクを分散していけばいい。

会社の経営者といってもサラリーマンだから、それがわかりきっていても長期的な展望より自分の任期中にいかに儲けるかということしか考えられない。

どこの業界でも、大企業は挑戦しづらい体質になっているらしい。なにかに挑戦すると、失敗したときに責任を取らないといけない。挑戦しないほうが、むしろ無難なんだ。だから、ある業界では挑戦する案はそれとなく外注先に伝えて、外注の会社から提案させるそうだ。それなら、失敗しても責任は外注の会社が取るから、自分が首になる心配がないらしい。まあ、それをチャンスととらえて挑戦する企業がどんどん出てほしいものだ。

「儲かる」なんて話は信用しないほうがいい

どこの人気ラーメン屋が、「この秘伝のスープを使えば誰でも美味しい味ができます」なんて、秘伝の味を教えるかっていうんだ。「これすればかならず儲かります」なんて話は、それと同じなんだ。そんなにおいしいなら自分の一番大事な企業秘密だろう？

人に教えるわけがないんだ。

かならず儲かるのなら、絶対に人には教えないで自分で儲けるはずだ。だから、絶対に「儲かる」なんて上手い話は信用しないほうがいい。そうやって、人に金を出させて、最後は逃げてしまう。結局、儲かるのはそいつだけなようにできているんだ。ホリエモンのケースだってそうだろう? うまそうな話につられてインターネットで株を買った素人は結局、大損させられてしまっただろう。

「ラーメン屋のたとえ」のようなわかりやすい説明を、親が子どもに伝承していかないからだめなんだ。親は遅く帰ってくる。子どもは小部屋でパソコンだ。これでは伝承しようがないじゃないか。テレビでお笑いを見たり、テレビゲームやインターネットだけやって生きていけるのならいい。だけれど、そうはいかないだろう?

話のついでにいうと、人間、だますよりはだまされるほうがいい。人をだましたやつは、街中でだました相手にあったら、こそこそ逃げるだろう? だまされたほうが気が楽だ。だました相手を見抜ける目が自分になかったんだから、しょうがない。そうあきらめもつくってものだ。

俺は金銭的なことで詐欺にあったことはないけれど、面倒みた相手にはよくだまされているな。いろいろなことを人に教えてやっても、相手は儲かるとコロっと忘れてしまう。自分の力でできたつもりになってしまうんだ。

俺の見積もりの仕方を教えようか

ずいぶん昔のことだけれど、山形の金型屋さんが「うちの息子が道楽者でしょうがないから、しばらく岡野さんのところで仕込んでくれ」というんだ。そこの会社は金型職人を何十人も使っているような大きな会社なんだ。それが、うちのような小さい会社で教えてくれというから、「それじゃあ」と、その息子を半年ぐらい教えることにした。

ある日、彼が「金型をつくるのに、削ったり穴を開けたりするいろいろな道具があるけれど、岡野さんのところではこの道具はずっと使うんですか?」と聞くんだ。だから、俺は「うちでは注文の金型をつくったら、その製作に使った道具は全部捨ててしまうんだよ」と答えた。

うちの会社では、その金型の製作に使うあらゆる道具をまるごと、見積もりに入っているんだ、とね。うちの見積もりの仕方はそういうものなんだ、と教えてやった。その道具は、まだ何回でも使えるから、ふつうの会社では、次の金型の注文がきたら、その道具で製作しようとする。だから、ろくな見積もりができないんだ。

うちはね、この仕事にはこの道具がいるんだから、その道具まで全部見積もる。そしてその仕事が終わったら道具ごと全部捨ててしまう。たとえば、一度使ったドリルを研磨して、また使い回そうとするから、いいものができないんだ。

そこが重要なんだ。昔、スイスのテサ社のノギス（ものの厚さなどを測る精密測定工具）が1本5万円したころでも、ひとつの仕事が終わったら捨ててしまう。どんな高い道具でも扱いは同じだ。それというのも、実は、かつてえらい目にあったことがあるからだ。十分に使える道具を捨てるぐらいならと、外注さんにあげたことがある。外注さんはそれを喜んで持っていった。

それで外注さんに仕事をしてもらった製品がうちに届けられた。ところが、品物がおかしい。「ここんとこ、おかしいじゃない？」といったら、「だって、岡野さんにもらった道具でやったんだ」っていうんだ。それ以来、これじゃあかなわないと、どんなに目新しい道具でも、終わったら潰してしまうことにした。絶対、人にはやらないと決めたんだ。

精密なものをつくる道具は消耗品なんだ。絶対、使い回してはいけない。製品の精度を落としてしまう。だから、まるごと見積もるのが当たり前なんだ。

ただし、捨てられない道具もある。それは細部まで自分に合わせて、手作りでつくった道具だ。どこにも売っていない自分だけの道具だからだ。

金型には金をかけるだけかける

「1000万円で金型をつくってください」という依頼があるだろう。それを引き受けてつくっているうちに、「これじゃだめだ、あれじゃやだめだ」といろいろなことに気がつきだしてくる。そうこうしていくうちに、製作費が1000万円以上にオーバーしてしまう。それでも、自分の気に入ったようにつくっていくんだ。

ましてうちの婿さんの縁本は完璧主義だから、1000万円の仕事で2000万円かけてしまったりするんだ。でもそれが仕事の評価につながって、次の仕事がくるならそれでいい。そう俺は思っている。

こんな話をしようか。いまの家を建てたときのことだ。大工さんとか電気屋さんとかに頼むときに、「こんな風につくってくれるかな」とイメージを膨らませた。それで大工さんや電気屋さんが、俺のイメージ以上のものをつくってくれたなら、「こいつはすげえやつだ」と思うわけだ。逆に自分の想像していたもの以下だったら、「なんだ、こいつは?」となるだろう。うちの金型も同じことなんだ。「これはすごい」といわせたい。それが決め手だ。

「誰にもできない金型をつくる」というのは、そういうことなんだ。

組み合わせてモノをつくるプロデューサー

縁本がうちの会社にくるまでは、うちは図面なんて一切描かなかった。図面を描かないで自動機をつくってきた会社なんだ、うちは。それが完全に動くんだから、縁本も最初はびっくりしていた。

具体的なつくり方だが、自動機の「ここはこういう動きをする」というメカの部分は俺がつくっていく。それに、電子制御の部分が加わる。そこで専門家を呼んで、「こういうものをつけてくれ」と俺が注文するわけだ。電気の専門家は自動機のことは知らないわけだから、俺が「こういう動きにする部品をつけてくれ」という。まあ、自動機づくりのプロデューサー、といったところだ。

そのために、いつもいろいろなカタログに目を通して、「自動機に使えるこんな部品が売られている」と、チェックしているわけだ。

それにしても、常に最後まで自分でつくっていくうちの縁本が図面を描くのはわかるけれど、自分でなにもつくったこともないやつがよく図面を描くよな、って思うね。早い話が、「月にいったこともないやつが月の図面を描く」ようなものだろう？　まったく、図面屋っていうのはすごいなと思う。機械が使えなくて、自分ではものがつくれない人が図面描き専門にやっているんだからね。

機械や製品というものは、図面通りになんかできないものなんだ。そもそも、図面通りにできるのだったら、失敗もなければ、会社が潰れることもない。

図面がいらないとはいわない。図面は必要だ。ただ、「知識だけでよく図面がかけるな」と驚くわけだ。

ついでにいうと、抜いたり、曲げたりする金型は図面が描けるけれども、「絞り」という加工は図面が描けない。

なぜかといえば、次々と素材の形が変化していくからだ。だから、中国ではうちのような「絞り」の仕事ができない。中国の場合は、たとえば樹脂の素材を一工程で一発でつくるものしかできないんだ。これは精密じゃないという意味ではない。精密な製品はたくさんある。ただし、何工程も重ねて製品をつくっていく金型は、つくった経験がないからできないんだ。

こちらで1カ月でできるものを3年でかけてつくるつもりなら、できるだろうが、それでは採算がとれないわけだ。

第10章

雑貨づくりに終わりはない

「安くて誰もやらない仕事」も工夫次第で儲かる

もともと、うちはよそのプレス屋の仕事を奪わないことを条件に出発したわけだから、よそがやらない「むずかしい仕事」と「安くて誰もやらない仕事」の二本立てで、仕事をやってきた。いまは痛くない注射針のような、「むずかしい仕事」ばかりマスコミで紹介されるので、岡野工業は「むずかしい仕事」だけをやっていると勘違いする人もいるだろうが、決してそんなことはない。いまは、最先端のむずかしい仕事が6割、安くて誰もやらない仕事が4割ぐらいというところだ。

岡野工業として親父から仕事を受け継いだのが、1972（昭和47）年だったけれど、その2年前の1970年ごろから自動機のプラント製作に加えていよいよ、プレス製品をつくり始めたんだ。それがミツミ電機さんのコイルケースをつくる仕事だった。1個80銭だけれど、自動機でつくれば採算がとれる。その後もこうした仕事を請け負ってやってきたんだ。

現在も、つくるのは技術的にやさしいけれども、よそでは値段が合わないからやらないものを、うちではつくり続けている。この「安くて誰もやらない仕事」で、うちの得意な自動機が大きな力を発揮する。

完全自動にすれば、採算が十分合う。製品を入手をかけずに、連続で量産してくれるわけだから、1個の単価が安くてもまとまれば大きい。ほかの会社だって、完全自動化すれば儲かることはわかっていても、いまさらそこに資本を投下してまではやろうとしない。だから、「安くて誰もやらない仕事」は宝の山でもある。

面白い話を付け足しにしようか。うちがつくっているある部品でも、100万個つくると中には寸法などが狂うものが出る。だから、120〜150万個ぐらいつくって、ダメなものはスクラップにする。そのスクラップを1000個ほど安く売ってくれと、ある大型生活雑貨店がいってきたんだ。

とにかく熱心にくるから、「それじゃ、ただでやるよ。ただし、売り値を俺がいったとおりにつけるんならな」といってやった。そしたら、「わかりました」というから、「3000円で売れ！」ということになった。それが、しばらくして「全部売れました！」っていうんだ。

ただのものが3000円で売れたから、驚きだ。まったく、商売というのはまさに目のつけどころだな。とにかく、至るところに宝の山ありだ、ぼーっとしているようではだめなことがわかるだろう。

ライターが携帯電話の電池ケースへとつながった

携帯電話がはじめてできたころ、アタッシュケースみたいにでかいものだった、なんていっても若者は本気にはしないだろうな。それはともかく、携帯電話を小型・軽量化させた立て役者がリチウムイオン電池だ。

そのリチウムイオン電池は小型・軽量で、さらに、長持ちすることが必要不可欠だった。そのためには小型で液漏れしない電池ケースがカギとなってくる。そこでリチウムイオン電池を研究開発していた旭化成が1980年代後半のある日、「ステンレスのケースをつくってくれ」とうちに依頼してきたんだ。発注先に「むずかしくてできないと断られた」そうだ。その中身を聞いて、すぐにリチウムイオン電池の中の電解液が液漏れしないためには、あの昔のライターケースが使えると直感したな。

なにより、親父の「金型を絶対に捨てるな」という言葉通り、ライターのステンレスケースをつくった金型を取っておいたのが役立った。でも、そこから先がたいへんだった。確かに深絞りの技術でステンレスのライターケースをつくったノウハウが生かせる。しかし、ステンレスの板を100分の1ミリ単位の精密加工で絞っていき、厚さ0・

4ミリ以下に仕上げなければいけないんだ。完成するまでに、1年半以上はかかった。成功には、改良を重ねてきた潤滑剤の油が重要な要素となった。独自のブレンドのノウハウを常に蓄積してきたことが、生きたんだ。

潤滑剤こそプレスの陰の主役

40年も前に冷間鍛造のプレス加工と格闘し始めたときに、プレスのカギを握るのは潤滑剤の油と気づいたわけだ。常温で金属に強い圧力を加える冷間鍛造では、摩擦を減らす潤滑剤がしっかりしていなければだめだ。金属板と金型との摩擦力で金属はすり切れてしまうんだ。潤滑剤の油の工夫こそがプレスを左右する。

だからはじめてプレス加工に触れて以来、数え切れないほどの油を試してきた。スイスに出向いて油を買いつけて、ブレンドしてきたりしている。潤滑剤には人一倍こだわってきた。自動機のプラント一式を売るときは、金型とプレス機とそのプラントに最適な潤滑剤をひとまとめにして売る。

石鹸を混ぜてみたり、あるときはひまし油を混ぜてみたりしながら、培ってきた潤滑剤のノウハウだから、潤滑剤だけをうちに買い求めにくる人もいる。そういう場合、仮に1万円の原価のものでも2万円で売る。

潤滑剤のブレンドはプレス機を動かす際のソフトそのものだ。潤滑剤次第で1分間のプレスできる回数が大きく変わったりするだ。潤滑剤の油のベタベタ具合、これが秘密だ。それはまさに「気持ちこのぐらい」の世界なんだ。

超えられない親父の技があるんだ

擬宝珠《ぎぼし》といって、橋の欄干の上につける装飾がある。その擬宝珠の模型をつくる金型を親父はつくったんだ。神社仏閣などの欄干の模型につけるものだったんだろう。あのタマネギが重なったような擬宝珠の形を、真鍮《しんちゅう》の1枚の板をプレスするだけでつくった。ただ、これだけは俺にもどうやってつくるのかがわからないんだ。どんなふうに絞ってつくるんだろう。どんな押し方をするのか、そこがわからない。俺にはいまだに超えられない親父の技術だ。結局、擬宝珠のつくり方というのを、聞いておかないうちに親父は死んでしまった。だから、もう誰にもできないんじゃないかな。

うちの工場のある墨田区、それから江東区、足立区、江戸川区には、1枚の板からライターなどをつくる深絞りの技術が地場産業としてあった。でも、擬宝珠を1枚の板からつくるって発想はしない。だいたい、そんなことはできっこないと、みんな思うもの。だから、それをやってしまった親父はすごい。しみじみ、そう思うね。

ベトナムのオモチャから学ぶこと

うちの工場にベトナムの子どもが手づくりでつくったオモチャが飾ってある。工場に来た人ならば目にしているものだ。以前、社員旅行で行ったときに買ってきたものなんだ。このオモチャはすごいぞ。機械ロボットみたいでとってもカッコいいんだが、全部が全部その辺に落ちていた機械の屑《くず》や金属のガラクタを組み合わせてつくってある。

ベトナムの子どもたちがそんな屑を拾って、自分のアイデアで小遣いを稼ごうと、つくったものだ。ギアとかガットとかをつなげてあって、いまにも動き出しそうだ。子どもたちはきっと楽しみながら、俺でも考えつかないような工夫を随所に凝らしながら、こんなすごいのをつくり上げては、お金にしているんだ。

俺が昔、ポンコツの部品を手に入れてオリジナルの自動機をつくったのだって、これと同じことなんだ。もっと前のガキのころは、鉄屑や銅線なんかで飛行機つくったりして遊んでいたんだからね。

いまの日本の子どもたちだったら、材料は全部お金で買ってきて、付属している設計図通りつくれれば、「はい、完成」だろう？　授業でつくるのだったら、設計図通りつくらない子どもは点数をもらえないかもしれない。自由な発想力、創意工夫の楽しさを、日本の子どもは知らないんじゃないのかな？

このベトナムのオモチャは見るたびに、いろいろなことを教えてくれるんだ。

雑貨はモノづくりの原点だ

日常生活に使うこまごまとした品を雑貨と呼ぶだろう？　昔のセルロイドの石けん箱からボールペン、がま口まで、みんな雑貨なんだ。ボールペンや口紅のケースが金属から樹脂に変わったのは、樹脂が軽くて丈夫ということがあるけれど、もうひとつ、それをつくれる職人がいなくなったことを忘れてはいけない。

そういう技術力は下町の町工場が培ってきたものだ。コンピュータと設計図でつくったものではなくて、「気持ち強めに」とか「気持ち弱めに」なんていう職人の感性がつくってきたものなんだ。

いま、パッチンと閉じる財布、がま口を見なくなった。みんなファスナーに変わった。

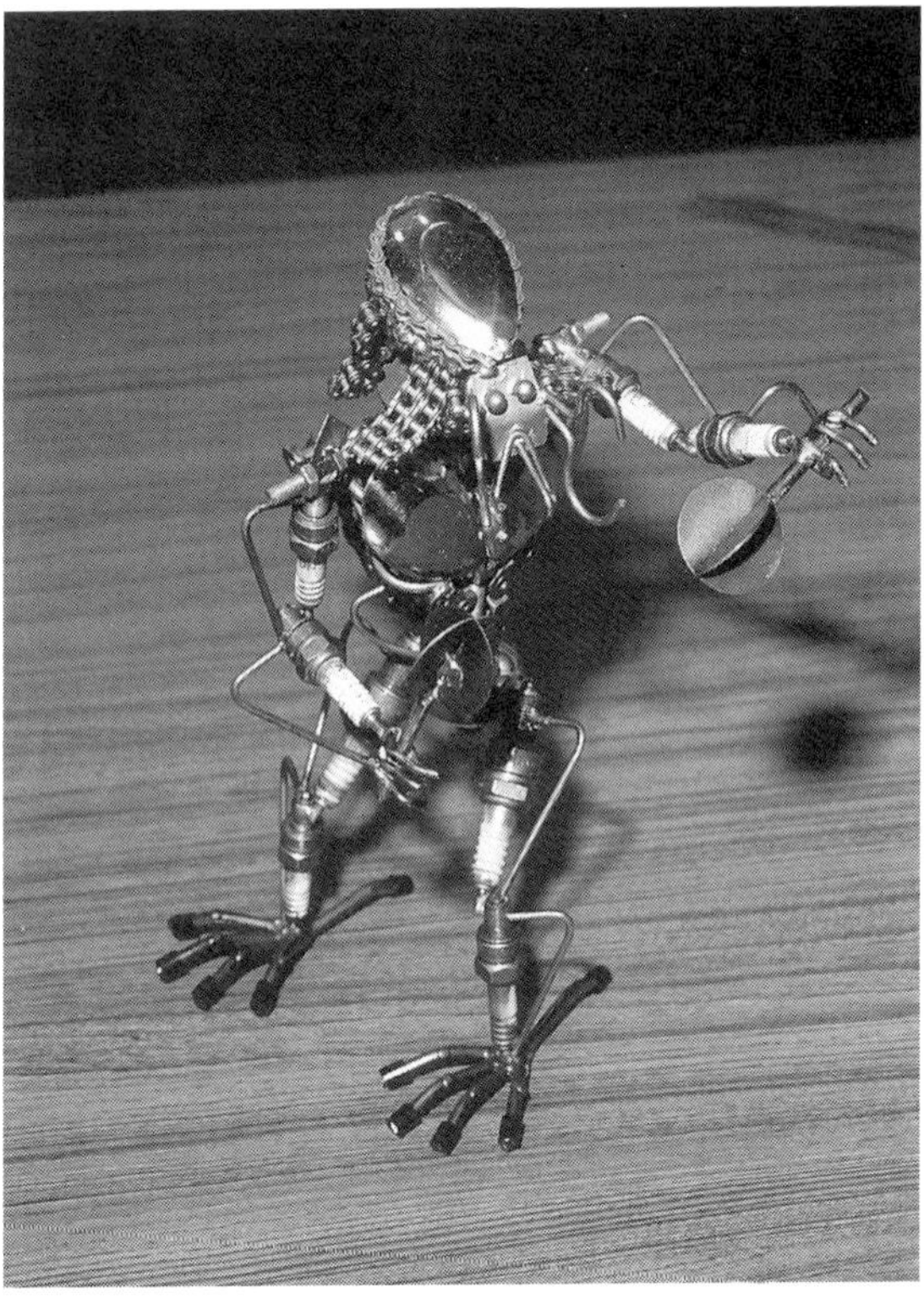

ベトナム旅行で出会った、子どもの手づくりのオモチャ。至るところに創意工夫の楽しさがあふれている

これは、がま口のパッチンをつくる職人がいなくなったからだ。パッチンのはまり具合の「気持ち」からつくるわけだ。

音のよし悪しでカチでもパチでもなく、パッチンだと聞き分ける技術が必要なんだ。カメラのシャッターのカシャカシャというなんともいえないよい音なんか、そんな職人の感性の技がなければ成り立たないんだ。

確かに、中国や東南アジアで可能な技術の分野はみんなそちらに移ってしまった。だからって、町工場のローテク（雑貨）なんてものは、滅びゆくものだと思うのは大きなまちがいだ。そもそも、最先端のハイテクがすごくて、がま口のパッチンなんていうローテクは低い技術だという発想がまちがいの元なんだ。大切なのは精密で発想力のあるローテクだ。町工場はこの分野で勝負していくほかかない。

うちが開発した携帯電話の電池ケースにかぎらず、ハイテク製品の中身をよく見ていくと、ローテク、つまり、町工場の雑貨の技術が基本になっていることがわかるはずだ。勝負はハイテクと結合したローテクだ。

こんな話をしてみよう。いまから35年以上前の1970年ごろのことだ。あるプレス屋に金型を頼まれた。「1枚の金属板から鈴をつくれないか?」とね。よそに頼んだけれども、どこもつくれないと断わられたというんだ。それでほかの仕事の合間につくったんだが、確かにむずかしくて1年半はかかったかな。

普通の鈴というは三つのパーツからできている。うちがつくった金型でつくる鈴は、中のあのリンリンと鳴る部分を含めて一枚の板からできてしまう。この金型は当時の金額で350万円で売れたから、うちの親父もびっくり仰天していたね。そのプレス屋はすぐにこの金型の特許を取って大いに儲けたわけだ。すでに特許権は切れたが、いまだに誰も真似ができないんだから、これぞ究極の特許だろう?

それぞれの感性の違いが生かせれば最高だ

20年以上も前のことだが、娘の亭主の縁本が、岡野工業に入社したいといいだした。それで、「来るのはいいけれど、俺はいまも年、3、4回海外旅行に行って、買いたいものを買って、食いたいものを食っているんだ。『俺がさせてやっているんだ』なんてことだけはいわせないぞ。それが条件だ」といったんだ。

もともと俺は55歳で仕事をやめようと思っていたんだ。だから、結果として岡野工業の状況は大きく変わったわけだ。

縁本はメーカーのニコンに10年ほど勤めた技術者だから、それまで金型だってプレス機だって見たこともない。

それぞれ発想が違うのがいい。「俺が、どうもうまくいかねえ」といえば、縁本は「こうしたらいいんじゃないですか？」という。そんな掛け合いのなかで、いい気づきが出てくる。金型屋だけが何人もいても、ヒントが出てこないんだ。

まあ、アナログの俺とデジタルの縁本との違った発想が融合して、うまくいい形がでてくるようだ。いまは、デジタルで詰めていく部分は縁本に任せることにしている。どこの会社だって同じ考えの人間ばかりでは、新しい発想など生まれない。感性の違いが生かせればいい成果があがるはずだ。

いい仕事をすれば次にまたいい仕事がくる

これまでに俺は数え切れないぐらいの仕事をしてきた。それで、これだけは断言できる。いい仕事をすれば次にまたいい仕事がくる、ということだ。

完成までまる7年かかった仕事がある。1960年代だから、まだ親父の「夜の工場」で仕事を受けていたころだ。ある文具メーカーから、万年筆のキャップにクリップを取りつけるための自動機の製作を頼まれた。この取りつけ作業は実はとてもむずかしくて、それまでは手作業で行なわれていた。

この自動機づくりはたいへんだった。なんと、まる7年もかかったんだ。キャップの溝にクリップを運んで、固く締めつけて取りつけるんだが、この完成に7年だ。この仕事だけやっていたわけではないけれどね。途中、何度か催促はあったが、「いまやってますよ」といっては、試行錯誤をくり返した。メーカーさんも半ば発注を忘れていたほどの時が流れたころにできたんだ。この自動機は大い満足してくれた。このときの報酬は5年分の手形、下請けさんを含め、みんなでくじ引きで分けて受け取った。いまとなっては、なつかしい思い出だ。

この万年筆のクリップが完成までの最長記録だ。仕事は最後の最後まであきらめないことだ。それでいい仕事ができる。あきらめたら、すべてが終わりだよ。どんなに失敗を重ねたって、最後に成功すれば勝ちだ。

1971(昭和46)年ごろにソニーから依頼されたのが、いまでもマイクに使われている先端の網の部分だ。それまではパンチングといって、鉄の板に細かい穴を開けて丸く絞っていた。これだと音の通りが悪い。これを網にしてくれというんだ。

それで網状にしながら、球の形に深絞りの技術で絞って完成させた。これは3カ月ほどでできたんだけれど、うちがはじめてつくったものなんだ。ラジカセなどのスピーカーの網だってそうだ。

エアコンに四方弁という部品がある。暖房、冷房、ドライを切りかえる装置だ。これをつくる自動機を開発したのもうちなんだ。ほかにも、ディーゼルエンジンの排ガスをきれいにする光触媒を使った装置、体のなかに入れるカテーテルの先端部分の加工、自動車のバンパーに取りつけるセンサーもそうだ。

自動車の排気ガスを中和させたり、汚水浄化ほかの多くの使い道がある、繊維系活性炭をつくるためのセラミック製の金型もつくっている。

それから、楽器のトランペットだって溶接なしで絞ってつくったんだ。いい出すときりがないな。

いまはたとえば、アルコールで走るクルマの装置をやっている。頼まれて、そんな人ができないものを追求していくのが面白い。たいへんなんだ。でも、それがやりがいになる。

そのほかにもいろいろとあるけれど、全部秘密なんだ。いまやっている仕事は5年先、10年先のものなんだ。だから、いくら話したくったっていえない。それもストレスのもとだけれど、しかたがないんだ。

写真上・35年も前に１枚の金属板からつくった鈴
写真下・マイクの先端の丸い網。岡野工業がはじめて深絞り技術でつくった

飲み口が大きく開く缶ビール

これまでの缶ビールの飲み口って小さいだろう。それがいまより大きく開けるものを開発した。開口部の小さいいまのものでは、缶を逆さにしたってどぼどぼとはビールが出ないから、いったんコップにつげばともかく、そのまま飲んだらグラスで飲むようにはおいしくないんだ。俺は酒を飲まないけれど、ビール好きの人間にはまちがいなくそうらしい。

これは俺のことを書いた単行本の『不可能を可能にした男』をみて、ある人が持ってきた企画だった。最初はビールメーカーや製缶メーカーに直接持ち込んだんだけれど、技術的に不可能だといわれてあえなく断わられてしまったそうだ。そこで俺に頼みにきたってわけだ。

その人の熱意に押されて開発に取り組んでいった。素人は缶のフタの飲み口を大きくするぐらい簡単じゃないかと思うかもしれないが、これは大まちがいだ。中のビールの圧力はたいへんなものなんだ。

フタの開く面積が大きいほど、破れる可能性が高くなる。試行錯誤を繰り返しながら、

1年以上は改良を重ねていった。最後に通過する破れないためのテストが、これが非常に厳しい。缶ビールを60℃ぐらいのお湯に60分以上つけておいたり、1メートルぐらい下の鉄板に逆さに落として、缶ビールが裂けてはいけない、というものだ。

飲み口を大きく広げて、なおかつ、缶の強度を保つのがこの製品のミソだ。そんなテストに合格して、ついに新しい缶ビールが世に出るわけだ。いよいよ、缶をそのままジョッキにしてグイグイとビールを飲みたい、という夢がかなうことになる。

「缶ビールをもっとおいしく飲めたら!」という思いから生まれた、このジョッキになる画期的な缶ビール、ビール党の人なら夏に野外で飲むのなんか、最高じゃないかな。ともかく豪快に飲み干せるこの缶ビールを、まずは味わってもらえればうれしいね。

社会・世相
9月1日、関東大震災。本所陸軍被服廠跡地の死者3万8千人超える。
満州事変起こる。
日本、国際連盟より脱退。
『冒険ダン吉』島田啓三作。(1933年6月～1939年7月)
『タンク・タンクロー』坂本牙城作。(1934年～1936年)
17世紀半ばから1958年(昭和33年)まで東向島の対岸に新吉原。
永井荷風『墨東綺譚』を発表。
7月、日中戦争始まる。
12月、太平洋戦争開始。
学童疎開実施。
8月、ポツダム宣言受諾。
2月17日、GHQが預金封鎖を実施。
GHQが1ドル=360円の交換比率を定める。
NHKラジオ日曜朝、クラシック音楽放送「音楽の泉」開始。
6月、朝鮮戦争勃発。
日本初のLPレコード発売。民間ラジオ放送が開始。
2月、NHKテレビ放送が開始。
このころ、超硬合金の金型が登場。
日本経済は高度成長期に。
カラーテレビ市販開始。17インチ42万円の高値。

岡野雅行　年譜①

西暦（年号）		歳
1923（T12）		
1929（S4）	父・銀次（25歳）、母・つる（22歳）結婚し、吾嬬町西９丁目（現墨田区八広６丁目）で所帯をもつ。	
1931（S6）		
1933（S8）	長男・雅行、２月14日生まれる。	0
1934（S9）		
1935（S10）	銀次、岡野金型製作所を創業。	2
1937（S12）		
1938（S13）	幼稚園入学。３日でグッドバイ。	5
1939（S14）	４月、東京市向島更正尋常小学校入学。	6
1941（S16）	向島更正国民学校へ名称変更。	8
1944（S19）	銀次は茨城・龍ケ碕へ家族を疎開させる。雅行は半年で東京に戻る。	11
1945（S20）	３月９日、東京大空襲。向島から上野の西郷さんが見えたほど、焼け野原。 ３月、向島更正国民学校卒業。 ４月、東京都向島西部国民学校高等科入学。 １年足らずで同校をグッドバイ。	12
1946（S21）	預金封鎖。強制預金により、限度以下しか現金をおろせず。	13
1948（S23）	映画封切り40円、喫茶店コーヒー30円ほどの時代。喫茶店に親しむ。 このころ、玉の井で「人間学」学ぶ。	15
1949（S24）	NHK「音楽の泉」をいつも聞く。	16
1950（S25）	このころ、父の工場の旋盤の前に立つ。	17
1951（S26）	朝から晩まで父の工場で働き、あとは工場の２階でクラシックのレコードを鑑賞。浅草のダンスホールに背広で通う。 20歳ごろから落語を聞き、大好きになる。	18
1953（S28）	父を上回る収入。工作機械の改良＆自作で。 20歳のころ、赤玉ポートワイン１本飲んで正月三賀日酔いつぶれる。	20
1955（S30）		
1958（S33）	３月１日、佐藤ユキと結婚。ユキ22歳。 11月、長女・依子誕生。当初は銀次たちと同居。ほどなく、工場の２階に別居。	25
1960（S35）		
1961（S36）	次女、京子誕生。車・マツダクーペ360ccを最初に買う。 1960年代半ば … 仕事で台湾に。ホテルのテーブルで妻や子と談笑する人たちを見て、帰るとキャバレー通いぷっつりやめる。	28
1963（S38）	このころ、プレスの仕事を目指し、夜は「俺の工場に」と父に頼む。 足かけ10年続く。 ドイツのプレスの本の図面みて試行錯誤の繰返し。 「人のやらない仕事」と「むずかしくてできない仕事」。 コスト削減の自動機考案。	30

社会・世相
4月、海外旅行自由化。外貨持出し1人1回500ドル（約18万円）まで。 10月1日、東海道新幹線開業。 10月、東京オリンピック開催。
「いざなぎ景気」（好景気、1965年～1970年）
5人に1人が運転免許の「マイカー元年」到来。
7月、FMラジオ、城達也の「ジェットストリーム」開始。 オープニング曲は「ミスター・ロンリー」。1994年12月まで続く。 TBSラジオ、愛川欽也「キンキンのパックインミュージック」。（1967年～1982年）
12月、府中で3億円事件発生。
丸の内サラリーマンの昼食代平均256円。
中東戦争による「オイルショック」を期に高度成長が終わる。
中央自動車道高井戸IC～調布IC開通で首都高速道路と直結。
9月22日の「プラザ合意」で、急速な「ドル安円高」に。
2月、1ドル＝180円切る。企業の工場海外移転が進行。
2月、公定歩合の引き下げ。株高・土地高の「バブル景気」へ。 4月、NTT株が318万円の最高値。
「バブル経済」崩壊。
10月末、携帯電話とPHS加入台数2千万台突破。
7月、携帯電話の普及率50%超える。

岡野雅行　年譜②

西暦（年号）		歳
1964（S39）		
1965（S40）	プレス機、旋盤を買う夢。金属加工機メーカー・アマダと出会う。 旋盤を60回払いで購入。金型の仕事をアマダに紹介してもらう。 60回を15回で返す。 「金型付き、完全自動化設備＝プラント」を売るアイデア。 数千万円の機械含むプラントが月に5台ずつでた時期も。	32
1966（S41）	金型を取り付けたプレス機売る。作動確認のビデオ付き。 潤滑剤の油を独自工夫。 プレスで三菱鉛筆のステンレスのボールペンを初めてつくる。	33
1967（S42）		
1968（S43）		
1970（S45）	プラントだけでなく、プレス製品までつくる仕事始める。 ミツミ電機（株）にコイルケース。次に中間周波トランスなど。 調布に週3度納品。午前零時に家を出て帰りは午前2時。	37
1971（S46）		
1972（S47）	「親父、引退しろ！」、7月に会社を継ぐ。岡野工業株式会社設立。 このころ、ライターや口紅の容器を深絞りで製作。	39
1973（S48）		
1976（S51）		
1978（S53）	プレス加工を正式に始めることができる。 大企業とは対等のパートナーとして提携を目指す。 年3回はビジネスクラスで外国旅行。オーストラリアほか。	45
1982（S57）	長女・依子、縁本幸蔵と結婚。	49
1983（S58）	縁本、岡野工業へ入社。	50
1985（S60）		
1986（S61）	「NHK教育テレビスペシャル『日本解剖　経済大国の源泉』」が初めてのマスコミ取材。「従業員4人で4億円売上」、「金型の魔術師」と紹介される。 携帯電話のリチウムイオン電池。深絞り技術でステンレスケースづくりを依頼される。（1980年代後半）	53
1987（S62）		
1989（H1）	本格的な空気濾過装置を設置した新工場完成。	56
1991（H3）	墨田区「フレッシュ夢工場」の第1号に認定。	58
1996（H8）		
2001（H13）		
2004（H16）	11月3日、「旭日隻光賞」を受賞。 『ニューズウィーク日本版10/20号』世界が尊敬する日本人100人特集に掲載。	71
2005（H17）	5月、医療機器メーカー・テルモがインシュリン用注射針「ナノパス33」発表。 11月、「第4回日本イノベーター大賞」の「ジャパンクール賞」受賞。	72

岡野雅行（おかの・まさゆき）

1933年東京都墨田区生まれ。45年、向島更正国民学校卒業後、家業の手伝いを始める。父親から家業を継ぎ、72年、岡野工業株式会社を設立。代表社員を名乗る。「リチウムイオン電池ケース」「痛くない注射針」などを開発し、世界中の注目を集める。著書に『俺が、つくる！』（中経出版）など。

〈執筆協力〉
田川克己（オフィスピスタ）

岡野雅行《おかのまさゆき》 人《ひと》のやらないことをやれ！

2006年3月24日　　初版発行

著者　岡《おか》　野《の》　雅《まさ》　行《ゆき》
発行者　奥　沢　邦　成
発行所　株式会社　ぱる出版

〒160-0011　東京都新宿区若葉1-9-16
03（3353）2835―代表　03（3353）2826―FAX
03（3353）3679―編集
振替　東京　00100-3-131586
印刷・製本　中央精版印刷㈱

ISBN4-8272-0238-9　C0034